$$V = \frac{\pi r^2 h}{3}$$

$$V = a^3$$

$$V = \pi r^2 h$$

$$\sin^2 x + \cos^2 x = 1$$

$$a^3 - b^3 = (a-b)(a^2+ab+b^2)$$

$$(a+b)^2 = a^2 + 2ab + b^2$$

$$\cos \alpha = \frac{b}{c}$$

$$r = \frac{a}{2}$$

$$\sin 2x = 2\sin x \cos x$$

$f(x)$

$$S = \pi R^2$$

$$S = ab$$

$$y = 2x^3$$

$$\sin x = \frac{a}{c}$$

$$S = 6a^2$$

$$d_1^2 + d_2^2 = 4a$$

$$\sin \alpha = \frac{a}{c}$$

$$a^2 - b^2 = (a-b)(a+b)$$

$$p = \frac{1}{2}(a+b+c)$$

$$ax^2 + bx + c = 0$$

$$V = \frac{\pi r^2 h}{3}$$

$V = a^3$

$V = \pi r^2 h$

$\sin^2 x + \cos^2 x = 1$

$a^3 - b^3 = (a-b)(a^2+ab+b^2)$

$(a+b)^2 = a^2 + 2ab + b^2$

$r = \frac{a}{2}$

$\sin 2x = 2 \sin x \cos$

$\cos \alpha = \frac{b}{c}$

$f(x)$

$S = \pi R^2$

$S = ab$

$y = 2x^3$

$\sin x = \frac{a}{c}$

$S = 6a^2$

$d_1^2 + d_2^2 = 4$

$\sin \alpha = \frac{a}{c}$

$a^2 - b^2 = (a-b)(a+b)$

$p = \frac{1}{2}(a+b+c)$

$ax^2 + bx + c = 0$

數學是門好學問

原來如此！

是門

著—吳軍

時報出版

開始
上課啦！

我們通常把數學知識當作數學，但這其實是一種誤解。

學習數學，不應該以懂得多少數學公式為目標，而是要從鍛鍊解決問題的過程中，學習所用到的思維方法。有數學思維的人，不僅做事有條理，而且擅長獨立思考，更能多角度開闢思維點，進行逆向思考。這樣的人在學習中很容易做到舉一反三，對所學知識活學活用，成績自然不差。我在這本書裡精選了 20 個對人類數學發展史產生重要影響的數學問題，透過故事的形式，讓大家瞭解每個問題解決背後的過程、相關科學家軼事，以及這些問題對應的數學定律在人類生活中的重要影響；讓人們去感受這些科學家在數學問題上閃耀著的智慧光芒，去探究數學發展史上人類探索的脈絡；讓人們學會用數學的眼光觀察現實世界，用數學的思維思考現實世界，用數學的語言表達現實世界。

contents

開始上課啦！　**002**

LESSON **01**　畢達哥拉斯裝傻不理的數　**008**
無理數問題

LESSON **02**　早期文明裡沒有 0 這個數字？　**018**
0 的發明

LESSON **03**　嚴謹的邏輯推理 V.S. 直觀的經驗主義　**028**
圓的面積問題

LESSON **04**　藏在經文之下的數學知識　**038**
球的體積公式

LESSON **05**　數學知識始於各種愛找碴的人們　**048**
芝諾悖論

LESSON 06 人們會從多樣結果中尋找一個 **058**
「一般性」答案
一元二次方程式

LESSON 07 數學史上意義重大的通解公式 **066**
一元三次方程式

LESSON 08 韓信會不會點兵？ **076**
中國的餘數問題

LESSON 09 從「費馬猜想」到「費馬最後定理」的演變 **084**
費馬最後定理問題

LESSON 10 無窮小量到底是不是0？ **094**
無窮小量問題

contents

LESSON
11
如何在無限多房間的滿房旅館裡 104
「擠出」空房？
希爾伯特旅館悖論

LESSON
12
現在解決不了的問題或許並非無解 114
三個古典幾何學難題

LESSON
13
所有電腦的開端都是 0 和 1 124
布林代數

LESSON
14
越平常的東西反而越難以被準確定義 134
羅素悖論問題

LESSON
15
很多結論仍然無法以數學來做判定 144
哥德爾不完全性定理

LESSON 16 先確定能不能做，再決定要不要做！　　**152**
希爾伯特第十個問題

LESSON 17 不完善的理論卻可能改變生活！　　**162**
黎曼猜想問題

LESSON 18 大器晚成的數學怪人　　**172**
孿生質數問題

LESSON 19 「1＋1」是一道簡單的數學題嗎？　　**182**
哥德巴赫猜想問題

LESSON 20 電腦並不能解決所有的運算問題　　**190**
P／NP 難題

後記
我們必須知道，我們必將知道！　　**200**

畢達哥拉斯
裝傻不理的數

無理數問題

思考　有理數與無理數相加，就是所有的數了嗎？

　　自從畢達哥拉斯在邏輯上證明了畢氏定理，隨之而來的不僅有喜悅，還有恐慌。因為從畢氏定理出發，再進行一次符合邏輯的推理，就會發現一個超出當時人類認知範圍的數——$\sqrt{2}$，也就是自己乘以自己等於 2 的那個數。

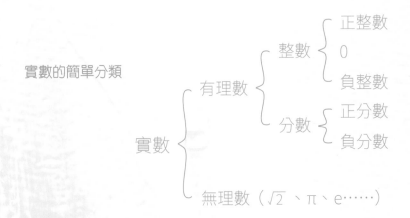

實數的簡單分類

實數 { 有理數 { 整數 { 正整數 / 0 / 負整數 } 分數 { 正分數 / 負分數 } } 無理數（$\sqrt{2}$、π、e⋯⋯）

9、$\frac{1}{2}$、0.272727……

有理數

$\sqrt{2}$ 這個數，既不是整數，也不是分數，它是一個無限不循環的小數，大約等於 1.41421356237，與無限不循環小數對應的是無限循環小數，例如，用 1 除以 3，就會得到 0.33333333……無限循環小數從小數點後某幾位開始，某個數位或者某幾個數位便會依次不斷地重複出現，所以存在一定的規律。

因為無限且不循環，所以沒有人能夠準確地說出 $\sqrt{2}$ 具體等於多少，但我們憑什麼知道它一定存在呢？這還要回到畢氏定理。

$\sqrt{2} = 1.41421356237……$

無理數

自己乘以自己等於 2 的數

畢氏定理對所有的直角三角形都成立，沒有例外。我們假設某一個直角三角形的兩條直角邊 a 和 b 的長度都是 1，那麼斜邊 c 該是多少呢？

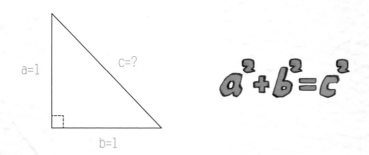

顯而易見，斜邊的邊長是真實存在的，而且是一個確定的數，因為這樣的直角三角形我們能畫出來。根據畢氏定理，斜邊 c 的平方（c^2），應該等於 a^2 與 b^2 的和，也就是 2。你可以估算一下，它應該在 1 和 2 之間。但這個數並不是人

我們在一起真是完美！

類已經掌握的有理數！

在畢達哥拉斯生活的時代，在數學上，人們認識到的數只有兩種，一種是整數，即 1、2、3、4、……另一種是分數，例如：$\frac{1}{2}$、$\frac{2}{3}$、$\frac{5}{4}$、……這兩種數可以統一寫成分數的形式，即 $\frac{q}{p}$ 這樣的形式，且 q 互質。例如，整數 2 可以寫成 $\frac{2}{1}$，其實就是讓分母 p＝1。具有這種形式的數被稱為「有理數」。

任何兩個有理數進行加、減、乘、除運算後（0 為分母的情況除外）還是有理數，這種性質被稱為「數學運算的封閉性」。有了這個性質，數學就顯得非常完美。

畢達哥拉斯有一個很怪的想法，他堅信世界的本源是數，而數應該是完美的。有理數的上述特點恰巧符合畢達哥

拉斯對完美的要求——有理數的分子和分母都是整數，不會是零碎的，而且經過運算之後依然有這樣的性質。

但是，$\sqrt{2}$ 的發現，使數的完整性遭到了破壞，因為它無法表示成 $\frac{q}{p}$ 的形式，這超出了當時人們對數的認知。

你可能會好奇，為什麼不可能存在一個分數，自己乘以自己等於 2 呢？我們沒有找到這樣一個分數，只能說明我們的本事還不夠大，不能說明這樣的分數不存在！別著急，我們可以用一種特殊的邏輯工具——反證法證明這個結論。

用反證法證明無理數的存在

我們先假設能夠找到一個分數 r，它自己乘以自己等於

2，即 $r^2 = 2$，顯然 r 符合有理數的屬性，即 $r = \dfrac{q}{p}$。我們假設 $\dfrac{q}{p}$ 為最簡分數，例如：$\dfrac{10}{16}$ 約分之後就是 $\dfrac{5}{8}$，沒辦法繼續約分了。所以，p 和 q 不能同時是偶數，因為偶數都能被 2 整除，可以繼續約分。所以 p 和 q 為**互質**。

根據我們的假設 $r^2 = \dfrac{q^2}{p^2} = 2$，於是 $q^2 = 2p^2$。這樣 q 肯定是偶數，因為 q^2 中包含了 2 這個因數。你可以試

note

互質指的是最大公因數只有 1 的兩個整數。

例如，2 和 4 的公因數還包含 2，所以不互質，而 3 和 8 的公因數只有 1，那麼這兩個數就是互質。

一下，假設 p 是任意一個奇數，那麼 q^2 中是不會有 2 這個因數的。因此，我們可以假設 $q = 2k$，於是我們就把上面的等式變成下面這個：

$$(2k)^2 = 4k^2 = 2p^2$$

化簡後得到：

$$2k^2 = p^2$$

同理可證，q 也必須是偶數。這樣我們就推導出了和前面

假設相矛盾的結論。我們前面假設 p 和 q 是互質的，但是現在又說它們都是偶數，那就不是互質，這中間一定出了問題。

造成這個矛盾結果的原因只能有三個：

1. 上面的數學推導過程出了問題。

2. 數學本身出了問題，例如：畢氏定理有問題或者說世界上有不符合畢氏定理的直角三角形存在。

3. 我們的認知出了問題，也就是說，在有理數之外還有其他數，它的平方等於 2。

到底哪裡出錯了？我們先要檢查一下上述的推導過程——它完全符合邏輯，並沒有問題。因此，要不是數學錯了，就是認知錯了。

畢氏定理是透過嚴格的邏輯推導出來的，也不會有錯，因此只能是我們的認知錯了。也就是說，存在一種數，它不在我們所瞭解的有理數當中，即自己乘以自己等於 2。今天，我們把這個數寫成 $\sqrt{2}$ ，它是一個無限不循環小數，不能寫成分數的形式。這種數其實有很多，比有理數還多，我們稱

它們為「無理數」。

無理數的危機

據說，畢達哥拉斯學派在瞭解了上述事實後決定保密。但是，他的學生希帕索斯在發現了不是有理數之後，就去和畢達哥拉斯討論。而畢達哥拉斯是個把數學當作宗教信仰來看待的人，有完美主義的潔癖，不允許數學中存在不完美的地方。在畢達哥拉斯看來，無理數是數學的漏洞，但他又無法把這件事圓滿解釋。

三次數學危機：

第一次——無理數的發現。

第二次——微積分無窮小量的
　　　　　嚴謹性被質疑。

第三次——羅素悖論。

於是畢達哥拉斯決定視而不見，裝作不知道。據說當希帕索斯提出這個問題時，畢達哥拉斯決定把這位學生扔到海裡，好讓這件事被隱瞞下來。

這無異於掩耳盜鈴。最終，無理數問題一方面造成了數

不要告訴我
那些奇怪的
數字。

無話可說，
無言以對，
無可奉告。

只要我不看，
它就不存在

學史上的第一次危機，即
人們所認識到的有理數是
不完整的。但是另一方面，
無理數的危機也帶來了數
學思想一次大進步。它告
訴人們，人類在對數的認
識上還具有侷限性，需要
有新的思想和理論來解釋。

　　為了解釋為什麼會存
在這種「不完美」的無限
不循環小數，數學家足足
花了 2000 多年的時間。
在古希臘文中，兩個量的
關係若是能用整數比來表
示，就是「可表達的」，
而無法用整數比來表示兩
個數量的關係就是「不可
表達的」，這兩個詞彙進
入拉丁文再到後來的英文

後，就成了「rational」與「irrational」這個詞。也就是說，irrational number 本意是「無法（用整數比）表達的數」，但因為 irrational 也有「不可理喻」的意涵，所以現在人把無法寫成整數比例的數字理解為「無理數」。直到西元 19 世紀下半葉，德國數學家戴德金從數的連續性公理出發，用有理數來證明無理數必然存在，讓我們對於無理數有了不同角度的理解方式。

早期文明裡
沒有 0 這個數字？

0 的發明

思考 0 在哪些結論中是特殊的存在呢？

有了數字和進位制，就能用少數幾個符號代表無限的數目了。人類文明發展到這個階段，就有了抽象概念的能力，在此基礎上開始創造算術，進而建立起整個數學和自然科學的世界。

但是，不知你是否注意到了，所有早期文明的計數系統中，都沒有「0」這個數字。這使得計數和數學演算非常不方便。例如，我們用帶有 0 的阿拉

直式

加 二十一
＋

？？？

```
  10
+ 21
─────
  31
```

伯數字做加法「10 ＋ 21」就很容易，你只要把這兩個數位寫成上下兩行，然後個位數和個位數相加，十位數和十位數相加即可。

但是，如果你列一個直式計算「十 ＋ 二十一」，就很麻煩了，因為你根本對不齊。

因此，無論是計數還是運算，0 這個數字都太重要了。

0 的由來

為什麼美索不達米亞、古埃及、古希臘都不使用「0」這個數字呢？這是因為人類發明數位和計數的目的是有東西要記，如果沒有東西，就不需要計數了。

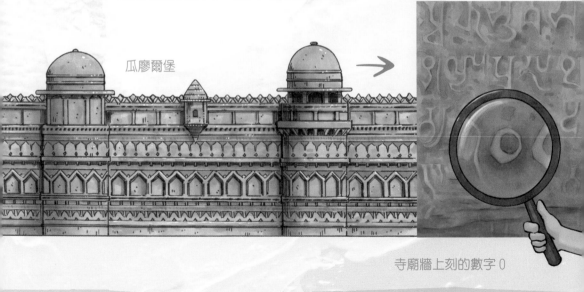

瓜廖爾堡

寺廟牆上刻的數字 0

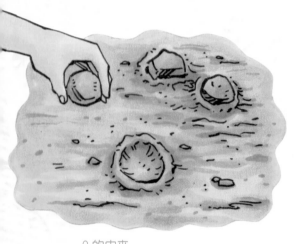

0 的由來

人類發明 0 這個數字是比較晚的事情，在已知史料當中，最早關於數字 0 的明確記載是在西元 9 世紀。當然，在此之前，它很可能已經被使用了好幾百年。今天在印度中央邦的瓜廖爾堡一座小寺廟的牆上，還能看到最早的數字 0。

為什麼是印度人發明了數字 0？對此，人們通常有兩種解釋。

一是和古代印度人的計數方式有關。印度人會把石頭放在沙土上，如果把石頭都拿光，沙土上就會出現一個石頭留下的圓形印記，這個空的圓形印記逐漸演變成了數字 0。

二是和印度古老的吠陀文化有關。這種解釋更被廣泛接受。

大約從西元前 1500 年開始到西元前 1100 年，來自中亞草原的游牧部落不斷南下進入南亞次大陸。這些游牧部落自稱「**亞利安人**」，亞利安人在梵語中是「高尚」的意思。亞利安人在征服印度時，將自己的文化和當地文化相融合，

形成了一種新的文化——吠陀文化。

吠陀是梵語中「知識」的意思。吠陀文化中，做學問和祭祀的人身居高位，人們的生活往往圍繞

亞利安人原為烏拉山脈南部草原上的古老游牧民族。大約在西元前 14 世紀，亞利安人南下進入南亞次大陸西北部，他們往南驅逐古達羅毗荼人，創造了吠陀文化，建立了種姓制度。

著祈禱和祭祀，日常行為規範則寫在《吠陀經》裡。《吠陀經》反映了亞利安人的宇宙觀、宗教信仰和人生態度。古代印度人相信，宇宙中的一切都有一個根本的主體，即本體，這個本體在不同的經卷中被描繪為不同的神。按照《吠陀經》的說法，宇宙結構的核心是空和幻，也就是說，宇宙本是空的，而我們看到的只是幻象，萬物皆源於空。

從吠陀時代開始，印度人以虔誠對待神的方式追求宇宙的真理，但是他們探求知識的方式和許多其他文明是完全不同的。美索不達米亞、古埃及都從觀察世界開始，總結出對世界的認識，他們的幾何學和天文學就是這麼產生的。到了古希臘文明時期，哲學家們總結了前人科學研究的方法論，整理出一整套透過觀察世界得到知識的方法。但是古代印度

人則強調向內心，
而不是向外部世界
尋找問題的答案。
知識階層透過不斷
修行，對「**虛無**」
進行冥想，獲得對
世界的認識。

　　虛無在印度文化中是一個開放的概念，不同於我們一般理解的「沒有」，它更像是世界萬物的起始點。後來的佛教和印度教都將虛無這個概念作為其教義的一部分。包括今天大家練習的瑜伽，也是為了激勵冥想，讓練習者清空思想和滌蕩心靈。

　　當今的印度神話學家德杜特・帕塔納克（Devdutt Pattanaik）有一次在演講中陳述了亞歷山大大帝和一位印度修行者的對話。身為世界征服者，亞歷山大看著一位赤裸的修行者，正坐在岩石上盯著天空發呆。於是就問他：「你在做什麼？」

　　「我在感知虛無。你在做什麼？」修行者回應。

　　「我在征服世界。」亞歷山大說。

　　他們都笑了，因為他們都覺得對方是荒廢生命的傻瓜。

　　對生活在希臘文明圈的亞歷山大來說，現實的世界才是真實的，擁有是很重要的事，而對那位印度修行者來講，透過探究虛無，他可以瞭解整個世界。

0 與無窮大

　　在印度文化中，0 不僅必須存在，而且是產生其他數字的重要工具。

　　古代印度著名數學家和天文學家婆羅門笈多早在 7 世紀

最終似乎得到的是……西瓜汁。

就總結了和 0 相關的基本規則，例如：

$$1 + 0 = 1 \qquad 1 - 0 = 1 \qquad 1 \times 0 = 0$$

但是，當婆羅門笈多用 0 去除 1 的時候，就遭遇到了難題。什麼數字乘以 0 會等於 1？印度數學家發明了一個新的數學概念：無窮大。

無窮大的概念最初來自西元 12 世紀的印度數學家婆什迦羅，他是這樣解釋 0 和無窮大的關係的：

如果你將一個瓜切成兩半，你就有兩塊瓜，但是每塊瓜

只有原來的一半；如果你將它切成三份，就有三塊瓜；一直切下去的話就會是越來越多、越來越小的塊。最終，你會得到無窮多的塊數，但是每塊的大小就是 0。

因此，婆什迦羅就得出一個結論，1 除以無窮大就是 0，或者說 1 除以 0 就是無窮大。

你看，在印度數學家的眼裡，0 已經不僅僅代表「沒有」了，它早就是一個重要的數學工具了。

0 與負數

從 0 出發再往前走，印度數學家就得到了負數的概念。如果我們用 1 去減 1，就得到了 0，那麼 1 減去 2 會得到什麼呢？顯然地，我們的答案會比「沒有」更少。西元 628 年，婆羅摩笈多完成了《婆羅摩曆算書》，在書中正式提出了負數的概念，以及負數四則運算的各種規則。中國人在更早的漢朝就知道了負數的存在，只是沒有將負數的各種運算規則講得很清楚。

數軸

阿拉伯數字的由來

數字 0 的出現是人類數學史上一次認知上的飛躍性發展，伴隨 0 一同出現的還有今天大家都在使用的阿拉伯數字系統。它最大的優點就是在 0 的幫助下，個、十、百、千、萬的進位變得非常容易。沒有阿拉伯數字，我們今天做算術會非常麻煩。

阿拉伯數字雖然被冠以阿拉伯的名字，其實也是印度人發明的。今天，人們一般認為，阿拉伯數字系統的原型可以追溯到西元前印度發明的婆羅米文字，但是那些文字和今天的阿拉伯數字相去甚遠。西元 632 年，阿拉伯帝國建立，並且將勢力擴張到印度地區，阿拉伯人到了印度後，見識到印度人先進的計數方法，便將其引入。最初引入阿拉伯的印度數學並不包括 0。

到西元 773 年，一位印度天文學家攜帶婆羅摩笈多的著作來到巴格達，將其翻譯成阿拉伯文。阿拉伯數學家研究了印度的數學著作後，寫出了《印度算數原理》一書，告訴大家印度人發明的這十個數字如何使用及其計算方式。那時候，阿拉伯文明比較先進，周邊的文明都向它學習，這種源

於印度的計數方法便逐漸傳到了歐洲和北非。歐洲人從阿拉伯人那裡學會了這種很方便的計數方法，以訛傳訛，就叫成了「阿拉伯數字」。後來隨著文藝復興，歐洲的文明逐漸崛起，世界上其他文明又向歐洲人學習，「阿拉伯數字」的叫法也就被大家熟知了。

阿拉伯數字的演變

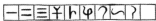

印度婆羅米 – 西元前 3 世紀

印度瓜廖爾 – 876 年

西阿拉伯 – 11 世紀　　印度天城體 – 11 世紀　　東阿拉伯 – 1575 年

11 世紀

歐洲 – 15 世紀　　歐洲 – 16 世紀

　　早期的阿拉伯數字和今天我們看到的樣子還是有差別的，經過幾百年的演變，到西元 16 世紀，才完全變成今天的樣子。

嚴謹的邏輯推理
V.S. 直觀的經驗主義

圓的面積問題

思考　圓可以被看作有很多邊的多邊形嗎？

　　圓是最基本的幾何圖形，圓形的物品有很多有趣的性質，例如：便於滾動和轉動、耗費同等的材料能夠製造出體積更大的容器……等等。早在 6000 多年前，生活在美索不達米亞的蘇美人就發明了輪子，從而大大提高了運輸的效率。但是，關於圓的各種計算，例如：周長和面積的計算，都比多邊形難得多，因為圓處處是彎曲的。

人類文明早期就會計算圓的面積

　　大約西元 1800 年前，古埃及人和古巴比倫人可能就知道，圓的周長和半徑是成比例的：半徑增加一倍，周長也增

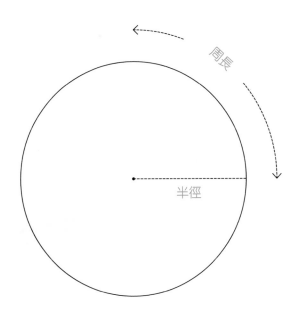

周長

半徑

加一倍。他們還能夠根據半徑或者直徑，比較準確地計算出圓的周長，不過他們不見得有圓周率的概念，或者明確知道圓面積和圓周率的關係。那時，人們計算圓的面積的方法也很有趣。古埃及的《萊因德紙草書》記載了一個近似計算圓面積的方法。

《萊因德紙草書》的第 50 題提到：「假設一個圓的直徑為 9，則其面積為何？」當時古埃及人的解法是把圓面積改以正方形計算，邊長取直徑之 8/9，就是答案；意即古埃及人認為圓面積等於邊長為直徑之 8/9 的正方形面積。《萊因德紙草書》給出了一個具體例子──圓的面積是圖中正方

形面積的 $\dfrac{256}{81}$ 倍，至於他們是怎麼求出此算法，仍是一個未解之謎。

$$\dfrac{圓面積}{正方形面積} = \dfrac{256}{81} \approx 3.16$$

我們知道，正方形的面積就是半徑的平方，因此古埃及人給出的圓面積公式大約是 3.16 乘以半徑的平方。這個 3.16 已經非常接近 π 了。但有意思的是，古埃及人在計算圓周長時是用 $\dfrac{22}{7} \approx 3.143$，近似圓周率，遠比計算圓面積時用的 3.16 的圓周率準確得多。

$$S \approx 3.16 \times r^2$$

而在同一本書中，他們在計算圓柱體體積時又用了第三個「圓周率」。由此可見，古埃及人並沒有意識到，圓的所有幾何參數是一個常量──π。

最早搞清楚圓周率和圓面積關係的是古希臘的學者。西元前 5 世紀的歐多克索斯首先明確地指出，圓的面積與其半

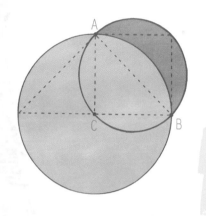

正比即正比例，是指兩種相關聯的量，一種量變化，另一種量也隨之變化，而且變化前後兩個數比值一定，它們的關係叫作正比例關係。而且若此比值為正數，則變化的方向相同，即一個變大，另一個也變大；一個變小，另一個也變小。例如，$x = 2a$，a 由 2 變為 4，x 隨之由 4 變為 8，且 $\dfrac{4}{2} = \dfrac{8}{4} = 2$。

徑的平方成**正比**，但是他沒有給出證明。第一個證明這個結論的人是希臘的希波克拉底，他透過一張月牙圖，證明了圓面積與半徑的平方成正比，但是他沒有指出二者之間的比例常數就是圓周率。

阿基米德的極限證明法

到西元前 3 世紀時，著名數學家阿基米德在他的《圓的度量》一書中指出圓的面積等於一個直角三角形的面積，這個三角形的底邊是圓的周長，高等於圓的半徑 r。我們知道圓的周長是 $2\pi r$，三角形的面積是底乘以高的一半，這其實

就相當於說出了我們今天使用的圓的面積公式 πr^2。

　　阿基米德證明這個結論的方法非常美妙。他構造了一個底為 $2\pi r$、高為 r 的三角形作為參照，再和半徑為 r 的圓進行比較。我們從三角形的面積公式出發，證明了圓的面積既不能大於三角形的面積，也不能小於三角形的面積，只能等於它。這樣就證明了 $S = \pi r^2$。

　　阿基米德的具體作法有點像我們前文提到的證明長方形面積時的無限逼近法。所不同的是，他是用很多內接和外切多邊形逼近圓。

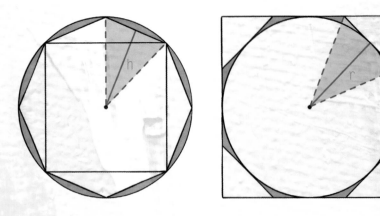

在前面圓周率部分，我們已經講過了內接和外切等知識，沒記牢的同學可以在《原來如此！數學是個好工具》複習一下。

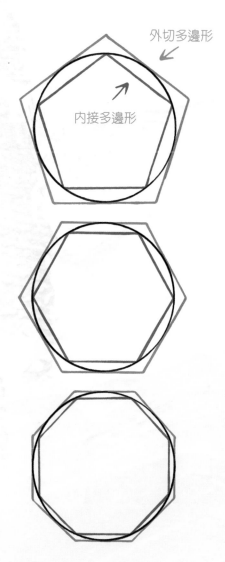

外切多邊形

內接多邊形

我們知道，圓內接多邊形面積小於圓的面積，而圓外切多邊形的面積大於圓的面積。只要這樣不斷擴展下去，讓正多邊形的邊數趨近無窮多，內外兩個正多邊形的面積就相等了，且都等於圓的面積，也就是 $S = \pi r^2$。當然，阿基米德的證明步驟非常嚴格，我們這裡只是講了大致的概念。

阿基米德的思想超越了時空。這種無限逼近的思想，直到牛頓的時代才被數學家普遍採用，並且被發展成高等數學中極限的概念。阿基米德在數學上的成就，與後來的牛頓和

高斯可以相提並論，成為人類歷史上三大數學家之一。

　　在沒有學習高等數學之前，要大家理解阿基米德的思想可能還有點困難。因此，後來到了文藝復興時期，既是藝術家也是科學家的達文西用了另一種方式解釋了 $S = \pi r^2$。

達文西的近似證明法

　　達文西從圓心出發，將圓等分成很多個「三角形」，並且對這些三角形進行編號。然後他把編號為奇數的三角形

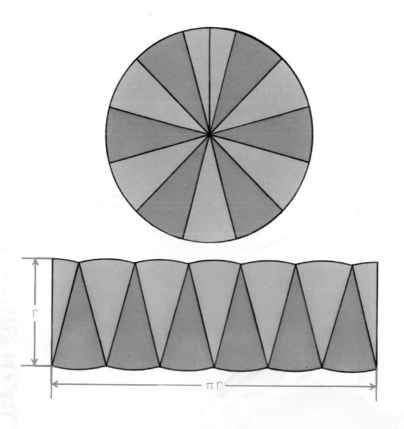

（紅色）和編號為偶數的三角形（藍色）交叉組成一個長方形。紅色三角形和藍色三角形共同組成了圓，三角形的底共同組成了圓的周長，所以當三角形被切分得足夠小時，這個長方形的長就是圓周長的一半，即 πr，高度就是半徑 r，於是圓的面積就是 πr^2。這種近似的方法比較直觀，但是在數學上不嚴格。

一方面，達文西拼出的長方形邊長並不是嚴格的線段，而是由很多弧線組成的。這些弧線加在一起的總長度，並不一定等於線段的長度。很多時候，並非弧線分割得很細之後，長度就等於線段了。

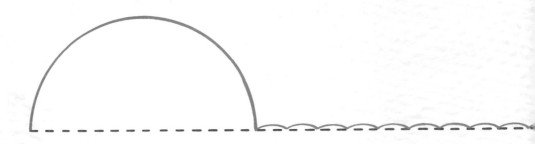

如上圖，即使左邊的半圓被分成了右邊這樣一系列非常多、非常小的弧，甚至到最後被分為無窮多份，每一個小弧線的高度趨近 0，但總長度依然是原來半圓的長度，而不是線段的長度。

而且達文西這個近似長方形的高度，是不是真的等於圓的半徑，也沒有經過嚴格的數學證明。因此，這是巧合得到的正確結論。不過，我們也不用太糾結達文西的推理是否嚴謹，只要借助它理解圓的面積公式就好了。

兩相對比，阿基米德是數學家，他非常講究邏輯的嚴密性，並且透過證明給出了正確的結論；達文西是科學家和藝

數學家：邏輯嚴謹　　　藝術家：直觀易懂

術家，但他不是數學家，他解決問題的方式帶有直觀的、經
驗主義的色彩，他的方法很容易被理解，但是不嚴格。從這
兩位偉大學者不同的做事方式上，我們也能體會出數學和實
驗科學的區別。

隱藏在經文之下的數學知識

球的體積公式

思考 球和圓之間存在怎樣的關聯？

除了證明了圓的面積計算公式，阿基米德在數學上還有很多重要的發現。

從前，人們多是透過傳說和歷史記載瞭解他的數學成就，因為他大部分的科學著作都已經散佚，流傳下來的只有 8 篇，被保存在兩個羊皮手抄本中。這兩個手抄本被分別命名為《抄本 A》和《抄本 B》。

但在西元 1998 年，人們又發現了

note

傳說阿基米德曾到埃及的亞歷山大城跟隨卡農和亞歷山大圖書館館長艾拉托斯特尼一起研究，而這些經歷在其後來的科學生涯中產生了影響。

一本被稱為《阿基米德羊皮書》的新的抄本，裡面有 7 篇阿基米德的著作，其中第六篇《方法論》和第七篇《胃痛》是新發現的。這裡面的《方法論》一篇特別重要，裡面有類似後來微積分的重要數學思想。

失而復得的「羊皮書」

《阿基米德羊皮書》的成書、流傳、發現和破譯，是一個充滿傳奇色彩的故事。

在羅馬帝國滅亡後，大部分希臘學者的著作都散佚了，只有個別羊皮手卷上殘存著阿基米德的著作，但卻散落在世界各地。大約西元 1000 年時，有一個叫阿卡隆斯的人，他是阿基米德的忠實崇拜者，到處收集阿基米德的著作。

note

西元前 212 年，古羅馬軍隊攻入敘拉古，阿基米德不幸被羅馬士兵殺死，終年 75 歲。據說，阿基米德的遺體被安葬在西西里島，墓碑上刻著一個圓柱內切球的圖形，以此來紀念他在幾何學上對人類做出的卓越貢獻。

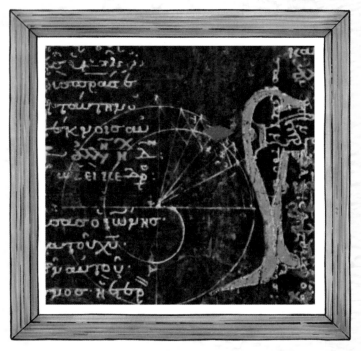

掃描的阿基米德原文

　　他把當時還能夠收集到的著作抄寫成一本羊皮書，希望這本書能夠永久地流傳下去。但是到 12、13 世紀時，這本書流傳到了一個教堂中。當時一位教士想抄寫經文，卻找不到新的羊皮紙，正好發現了這本沒人讀的「破書」。這位「先生」可不關心數學，他把羊皮書上的字蹟清理掉，重新抄上祈禱文。於是，這本書就這樣被保留了下來，在隨後的幾百年裡都無人問津。

西元 1906 年，人們在土耳其找到了這本書。大家發現祈禱文下面有些沒被完全擦拭乾淨的墨蹟依然可讀，並可以猜出被擦掉的內容大概是一本古代的學術著作。這件事引起了很多學者的關注。其中，丹麥哥本哈根大學的教授海柏格專程跑到土耳其，拿到了這本書。經過多年的研究，他發現這本被擦掉過的書應該是阿基米德的著作。

隨後，因為兩次世界大戰，這本羊皮書再次遺失，直到西元 1998 年才被重新發現。一位代號為 B 先生的富豪在紐約花了 200 萬美元將它買走。B 先生表示，他購買這本書不是為了賺錢，也不是為了收藏，而是為了讓阿基米德的著作重見天日。

他找到了巴爾的摩的華特斯藝術博物館修復古代文獻的專家威廉・諾埃爾主任，請他來幫忙恢復書中原有的內容。諾埃爾主任在 B 先生巨額資金的支援下，建立了一個包括各種專家在內的團隊，花了近 10 年的時間，使用了各種當時最先進的技術，讀出了隱藏在祈禱文和宗教圖畫下面的原文字。

其中用到的關鍵技術就是 X 光與化學元素成像。透過 X 光，使得阿卡隆斯當年抄書時所用墨水中的鐵元素成像──

那些被掩蓋的文字終於重見天日。

在此之後，華特斯藝術博物館將這本書的內容放到了網上，供全世界閱讀。在這本書的《方法論》一篇中，人們發現了阿基米德推導和證明球體積公式的方法。

在阿基米德之前，人們已經知道各種柱體的體積公式是底面積乘以高，對半徑為 r、高度為 h 的圓柱體來講，體積就是 $\pi r^2 h$。此外，人們根據經驗，還知道圓錐體的體積是同樣高度的圓柱體體積的 $\frac{1}{3}$，即 $\frac{1}{3}\pi r^2 h$。但是，計算球的體積很難透過直觀經驗來實現。

看看這個球又大又圓。

巧用槓桿計算球體積

　　阿基米德設計了一個巧妙的實驗，推導出球的體積計算公式。這個實驗用到了他所發現的槓桿定律，並且假設人們已經知道了圓柱體的體積公式 $V_1 = \pi r^2 h$ 和圓錐體的計算公式 $V_2 = \frac{1}{3}\pi r^2 h$。

　　阿基米德用了一個槓桿，槓桿左邊的長度為 2r，右邊的長度為 r。在槓桿的左邊垂著一個底盤半徑為 2r、高為 2r 的圓錐體，圓錐體的下面又垂著一個半徑為 r 的球體。在槓桿的右邊垂著一個底盤半徑和高度都是 2r 的圓柱體，如下頁圖所示。阿基米德要證明這個槓桿是平衡的，這樣就可以透過已知的圓錐體和圓柱體的體積公式，推導出球的體積運算式。

　　他在左邊的圓錐體和球上各切一個非常薄的薄片，切片的位置離圓錐體的頂部和球的頂部距離都是 x。

　　然後再對右邊的圓柱體進行操作，同樣切一個薄片，薄片離圓柱體的左邊界距離也是 x。這些薄片的厚度都相等，我們假設都是 d，同時假設這些物體的密度都是 k。

　　由於圓柱體、圓錐體和球的高度相同，因此它們能切出

同樣多的薄片。由於這些薄片非常非常薄,它們的體積就大致等於它們的面積乘以厚度,而重量就是體積乘以密度 k。

　　阿基米德為什麼要設計一個這麼複雜甚至奇怪的實驗?直接認定槓桿兩邊平衡,之後解方程式不就行了?也許在實踐中,人們已經發現了存在這種平衡關係,但這不是數學

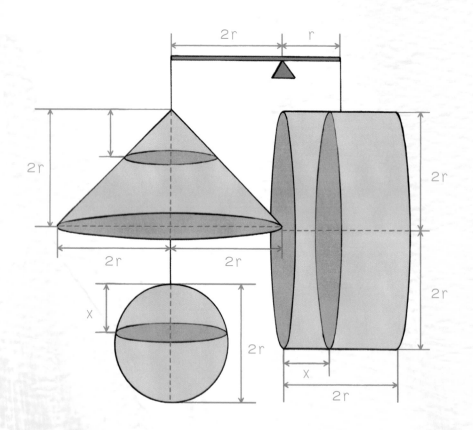

家的思路，現實中可
能有巧合、有誤差，
而數學家需要在邏輯
上嚴格證明。所以，
他選擇這種切薄片的
思路就是要證明，如
果任意薄片都支持結

論，那麼整體也是成立的。

　　阿基米德證明了，左邊的兩個薄片所產生的**力矩**，和右
邊一個薄片產生的力矩是相等的。由於左邊的圓錐體和球切
割出來的份數與右邊的圓柱體完全對應，因此支點兩邊的圓
柱體、圓錐體和球整體上是平衡的，然後他根據圓柱體的體
積和圓錐體的體積推算出了球的體積。

微積分想法的雛形

　　球體積的計算公式對工程學有非常大的幫助。在此之
前，人類在做其他和圓相關的計算（例如：圓的周長和面積、
圓柱體的表面積和體積）時，即使找不到準確的公式，也可

以根據多邊形來求近似值。但是，對於球的表面積和體積，
就很難找到直觀的近似演算法了。

　　因此，但凡涉及這兩種計算的工程問題，工程師就會遇
到麻煩。例如，做一個特定直徑的銅球需要多少材料，大家
算不出來，只能靠實踐積累經驗。

阿基米德的微積分雛形。

阿基米德不僅是有記載的第一個給出球體積計算公式的人，也是最早發現球表面積計算公式的人。這些公式記錄在他的另一部手稿《論球和圓柱》中。但是由於《方法論》手稿的散佚，人們並不知道他證明球表面積計算公式的方法。如果這個先進的方法能夠流傳下來，古代的數學會以更快的速度發展。

　　阿基米德使用的把幾何體切成小薄片計算體積的方法，就是後來牛頓在微積分中提出的積分的方法。

　　當然，牛頓給出的方法是解決所有積分問題，並且是適用於計算所有幾何體體積的通用方法，而阿基米德的方法只是解決一個具體問題的技巧，兩者還不能等價。但是，阿基米德在比牛頓和萊布尼茲早 1800 年的時代就有了微積分想法的雛形，還是非常了不起的。

數學知識始於
各種愛找碴的人們

芝諾悖論

思考 如果存在無窮多的馬，那麼白馬和馬的數量一樣多嗎？

　　數學需要「愛找碴」，因為有任何瑕疵的邏輯都是不嚴謹的

　　古希臘時期是世界數學發展史上的第一個高峰，那時誕生了很多今天大家依然耳熟能詳的名字——畢達哥拉斯、歐幾里得、阿基米德等。這些人透過自己的發明和發現，構建起數學世界。

「抬槓」

不過，在數學史上，還有一位希臘人以「愛找碴」的形象出現，整天給數學家找碴，居然也對數學的發展有很大的貢獻。他就是古希臘的哲學家芝諾。

歷史上對芝諾的生平鮮有記載。我們今天所知道的是，這個人和他的希臘同胞（例如：蘇格拉底等人）一樣，都喜歡辯論，而且提出了好幾個他自己都搞不清楚，別人也解釋不了的問題，也就是我們今天所說的芝諾悖論。芝諾的這些說法，被亞里斯多德寫進了書中，後人才知道他的存在。

芝諾的四大悖論

下面就讓我們來看看芝諾悖論講的是什麼。

悖論一（二分法悖論）：從 A 點（例如：台北車站）到 B 點（例如：高雄車站）是不可能的。

芝諾說，要想從 A 到 B，先要經過它們的中點，我假設是 C 點，而要想到達 C 點，則要經過 A 和 C 的中點，假設是

D 點…… 這樣的中點有無窮多個，人們無法找到最後一個。
因此從 A 點出發的第一步其實都邁不出去。

悖論二（阿基里斯悖論）：阿基里斯追不上烏龜。

　　阿基里斯是古希臘神話中著名的「飛毛腿」，但是芝諾
卻認為，如果他和烏龜賽跑，只要烏龜跑出去一段路程，阿
基里斯就永遠追不上了。按照我們的常識，芝諾的
講法當然是錯的，不過
我們還是聽聽他的邏

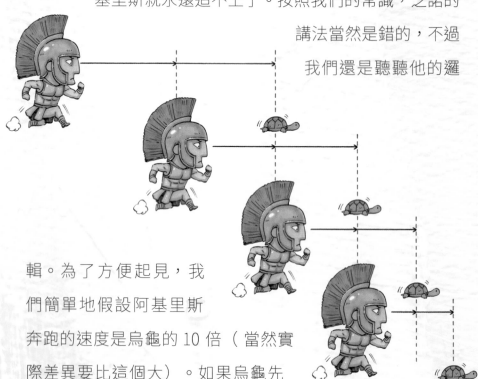

輯。為了方便起見，我
們簡單地假設阿基里斯
奔跑的速度是烏龜的 10 倍（當然實
際差異要比這個大）。如果烏龜先

跑出 10 公尺。等阿基里斯追上了這 10 公尺，烏龜又跑出 1 公尺，等阿基里斯追上這 1 公尺，烏龜又跑出 0.1 公尺⋯⋯總之，阿基里斯和烏龜的距離在不斷縮短，卻追不上。

大家可以在這裡停一下，想想有沒有被他騙了。

這兩個悖論其實是同一個意思。如果從常識出發，芝諾的觀點實在不值得一駁。我們從台北車站出發，一步就走過了芝諾所說的無數中點；阿基里斯步伐邁得大一點，不就輕鬆超越烏龜了嗎？我們的常識當然沒有錯。但是，如果按照芝諾的邏輯來思考，他說的似乎也有道理，只是忽略了一些事實。因此，要想駁倒他，讓他心服口服，就不能繞過他的邏輯。在解釋這個問題之前，我們再來看看他的第三悖論。

悖論三（飛箭不動悖論）：射出去的箭是靜止的。

在芝諾的年代，人們常見的最快的東西是射出去的箭。但是芝諾卻說它是不動的，因為在任何一個時刻，它都有固定的位置，既然有固定的位置，它就是靜止的。而時間則是由每一刻組成的，如果每一刻飛箭都是靜止的，那麼總體來說，飛箭就是不動的。

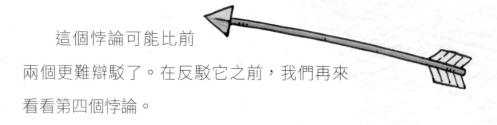

　　這個悖論可能比前
兩個更難辯駁了。在反駁它之前，我們再來
看看第四個悖論。

悖論四（運動場悖論）：兩匹馬同一時間跑的總距離等於一
匹馬跑的距離。

　　如果兩匹馬速度相同，一個向左，一個向右，同時遠離
我們而去，我們站在原地不動。在我們看來，若將時間劃分
成許多個相同的小片段，每個小片段裡它們各自移動了一個
單位 x，一匹馬跑出去的總距離就是很多 x 相加。但是對兩
匹馬上的人來說，他們看對方都是同樣小片段時間裡移動了
兩個 x 長度，彼此的距離應該是兩倍的 x 相加。那麼，如果

哈哈，搞不清楚了吧！

x 非常非常小，接近 0，我們應該得出 x ＝ 2x 的結論。

但是左右兩匹馬跑出去的總距離怎麼可能等於一匹馬跑的距離呢？（一般運動場悖論提到的是時間的關係，此處我們以同樣時間所跑的距離進行說明，方便大家理解。）

再停下來想一想，你是覺得被弄糊塗了，還是想立刻拿起拖鞋揍這個「愛唱反調的傢伙」？

一般作學問，我們講究的是學以致用，因此古代的知識精英是不屑理會芝諾這些沒有用的傻問題的。但正是這些問題，讓古希臘文明和其他文明有所不同，而這種嚴守邏輯的思維方式，才讓數學和自然科學成體系地發展。

> *note*
>
> 其實，中國古代也存在這樣的「愛唱反調的人」。例如，非要說「白馬非馬」的公孫龍，還有對莊子說「子非魚，安知魚之樂」的惠子。

實際上，芝諾悖論反映的是邏輯和經驗之間的矛盾。芝諾的邏輯似乎沒有錯，而我們的經驗也沒有錯，這種矛盾現象是如何造成的呢？主要是缺失了一些數學上的概念，或者說這些數學概念古希臘人還不知道。而一旦把那些缺失的概

念補上，數學就獲得了一次巨大的發展。

破解之法：無窮小量和極限

　　在芝諾之後的上千年裡，歐洲總有人不斷地嘗試找出這些悖論在邏輯上的破綻，包括阿基米德和亞里斯多德，但都沒有成功。不過亞里斯多德的思考還是道破了這幾個悖論的本質：一方面距離是有限的，另一方面時間又可以被分成無窮多份，以至有限和無限對應不上……這樣說會讓人摸不著頭緒，別急，我們需要定義兩個新的概念——無窮小和極限，這樣才能找到芝諾悖論的漏洞。

　　接下來我們就用芝諾的第二個悖論，來說說無窮小和極限是怎麼一回事。

　　在這個悖論中，芝諾其實把阿基里斯追趕烏龜的時間 s 分成了無限份，每一份逐漸變小，卻又不等於 0。例如，我們假設阿基里斯 1 秒鐘能跑 10 公尺，那他追趕烏龜的第一個 10 公尺就用時 1 秒，追趕烏龜 1 公尺就用時 0.1 秒，芝諾所分的每一份時間就是 1 秒、0.1 秒、0.01 秒、0.001 秒……如果我們把它們加起來，阿基里斯追趕的時間 s 就是一個等

比**級數**：

$$s = 1 + 0.1 + 0.01 + 0.001 + \cdots\cdots$$

在這個級數中，每一項都是前一項的 $\dfrac{1}{10}$。

在芝諾看來，無窮多個不等於 0 的數加在一起，就會越來越多，變成無窮大，所以他的結論就是「飛毛腿」永遠追不上烏龜。這就是芝諾悖論的問題所在。

級數是指將數列的項依次用加號連接起來的函數。數列是以正整數集（或者它的有限子集）為定義域的函數，是一列有序的數。

如果我們要將無數個確定的數相加，那麼它們即使再小，加起來確實也是無窮大。但是，在上面的級數中，相加的時間也在不斷變小，最後會無限接近 0。也就是說，它們並不是特定的數。這種情況就不能用固定數位相加的辦法來計算阿基里斯追趕烏龜的時間了。這種越來越接近 0，又不能和 0 等同起來的數的概念，就是無窮小量。

今天在數學上對無窮小量有比較明確的定義，當然這個定義比較難懂，大家不必太在意，我們換一種通俗的方

式來理解它。首先，它不是 0；其次，它不是一個靜態的數位；最後，它比你能說出來的任何正數都小。例如，你給出了 0.000001，那麼無窮小量比它還小；如果你給出了 0.00000000001，無窮小量依然比它小。我比較喜歡把無窮小量解釋成一種動態不斷變小的趨勢，它不斷向 0 的方向靠近。

在 s ＝ 1 ＋ 0.1 ＋ 0.01 ＋ 0.001 ＋……這個算式中，相加的數越來越小，最後變成了無窮小量。那麼無窮小量加起來等於多少呢？首先，有限個無窮小量加起來還是無窮小量。其次，無數多個無窮小量加起來可能是一個特定的數，也可能是無窮大，當然也可能是無窮小量。這就要看那些無窮小量以多

無邊際就對啦！

快的速度接近 0。

　　不理解這些也沒關係，具體到這個芝諾悖論，在 s ＝ 1 ＋ 0.1 ＋ 0.01 ＋ 0.001 ＋……這個算式中，無數個無窮小量加起來恰好是個有限的數 $\frac{10}{9}$，這個有限的數，就被稱為級數的極限。這一點，大家學習微積分後就能證明了，現在只要記住這個結論就好。

　　無窮小量和極限這兩個概念在數學史上非常重要，它們象徵著人類對數的理解從靜態的、固定的數，進入了動態的、變化的趨勢上。高等數學的基礎就是這兩個概念，而這兩個重要數學概念的產生，和芝諾這個「愛找碴」追根問底，尋找數學的漏洞，有著很大的關係。事實上，數學和自然科學，就是在這種解釋悖論、彌補漏洞中創造新的概念，並發展完善。

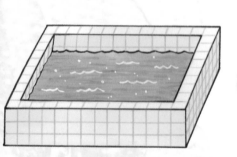

LESSON 06 人們會從多樣結果中 尋找一個「一般性」答案

一元二次方程式

思考 **方程式一定有確定的解嗎？**

世界上有一大類的數學問題可以被歸結為求解一元二次方程式。什麼是一元二次方程式呢？我們先來看一個具體的例子。

假如一個水池的周長是 20 公尺，面積是 24 平方公尺，請問這個水池的長和寬各是多少？

如果用方程式來解決這個問題，我們可以假設水池的長度為 x，那麼寬度就是 $\frac{20-2x}{2} = 10-x$，於是就可以得到這樣一個方程式：

$$x(10-x) = 24$$

化簡後得到：

$$10x-x^2 = 24$$

這個方程式就是一元二次方程式，因為在這個方程式中只有一個未知數 x，它的最高次項是 x^2，冪是二次。

求解一元二次方程式要比求解一元一次方程式難得多。上面這個方程式比較簡單，x＝4 或者 x＝6 都是這個方程式的解。但是很多看上去類似的方程式，解起來就麻煩了。例如，當我們把上面方程式中的 24 變成 23 時，就不好解了。

人類從能夠解一部分一元二次方程式，到找到所有一元二次方程式的**通解**公式，花了 2000 多年的時間。

根據古巴比倫留下的泥板顯示，大約在西元前 2000 年，古巴比倫的數學家就能解一些特殊的一元二次方程式了。差不多在同時代，古埃及中王國時期留下的莎

note

通解就是可以表示方程式中所有解或者部分解的統一形式。簡而言之，就是無論這個方程式長什麼樣，你都可以透過它來求解，而不必透過湊數字的方法。

草紙上，也記載了一些求解一元二次方程式的方法。在西元 1 世紀，中國的《九章算術》有提及幾何學求解一元二次方程式的問題。而傳統數學家畢達哥拉斯也提出了用抽象的幾

何方法求解一元二次方程式的辦法。因為古代的人覺得幾何比較直觀，因此經常使用幾何的方法解決代數問題。

　　第一個系統地解決一元二次方程式問題的是古羅馬的數學家丟番圖。丟番圖生活在亞歷山大城，那裡從希臘化時代開始就是西方世界的科學中心。丟番圖對代數學有很深入的研究，他有很多數學著作，雖然今天大部分已經散佚，但是依然留下了一部比較完整的《數論》。在這本書中，丟番圖找到了一種解決一元二次方程式的通用方法。但是，那種方法只適用於係數都是有理數，解也是正有理數的一元二次方程式，而且只能找到兩個解中的一個，即便這個方程式的兩個解都是正數。

　　例如，前面 $10x - x^2 = 24$ 這個方程式，6 和 4 都是方程式的解，但他的方法只能找到一個解。丟番圖在《數論》中

還介紹了大量不定方程式的解法。所謂不定方程式，就是像 $2x + 5y = 3$ 這種不能完全確定解的方程式。對於大部分不定方程式，丟番圖也沒有解

請記住這個萬能咒語！
$$ax^2 + bx + c = 0(a \neq 0)$$

決的方法，但是他提出了問題。從丟番圖開始，解方程式成為數學一個特定的研究方向，這個方向後來發展為今天的代數學。因此，丟番圖也被稱為「代數學之父」。

　　歷史上關於丟番圖生平的記載很少，以至今天的人搞不清楚他是希臘人還是希臘化的埃及人或者希臘化的巴比倫人。不過，丟番圖在他的墓誌銘中留下了一道數學題，今天很多人聽過他就是因為這道題目。他的墓誌銘是這樣寫的：

丟番圖的墓誌銘

墳中安葬著丟番圖。多麼令人驚訝，它忠實的記錄了丟番圖所經歷的道路。上帝給予的童年占六分之一，又過十二分之一，兩頰長鬍，再過七分之一，點燃起婚姻的蠟燭。五年之後天賜貴子，可憐遲到的孩兒，享年僅及其父之半，便進入冰冷的墓。悲傷只有用數論的研究去彌補，又過四年，他也走完了人生的旅途。

請問丟番圖活了多少歲？從這道題目的答案可以知道，丟番圖非常高壽，他活了 84 歲。

　　發現任意係數的一元二次方程式通解公式的是印度數學家婆羅摩笈多和 200 年後的阿拉伯數學家花剌子模。婆羅門笈多已經給出了今天所使用的一元二次方程式的部分通解公式，而且他的方法對於一元二次方程式的係數沒有特殊的要求。我們通常可以把一元二次方程式寫成 $ax^2 + bx + c = 0$（$a \neq 0$）的形式。婆羅摩笈多給出的通解是：$x = \dfrac{-b + \sqrt{b^2 - 4ac}}{2a}$（$b^2 - 4ac \geq 0$）。和今天我們在中學所學的公式相比，婆羅摩笈多漏掉了一個解 $x = \dfrac{-b - \sqrt{b^2 - 4ac}}{2a}$（$b^2 - 4ac \geq 0$），細心的你會發現，這兩個算式長得很像。

　　需要注意的是，上面的解法中有一個開平方的運算，這就無法保證一元二次方程式的解是有理數了。因此，一元二次方程式這個工具，就迫使人類對數的認知提高到了無理數的層次。

　　給出一元二次方程式完整解法的是花剌子模。他給出的方法在今天被稱為**配方法**。以前面講的方程式 $10x - x^2 = 24$ 為例，我們可以在等號的兩邊乘以一個 -1，把方程式改寫為：

$x^2-10x = -24$。

接下來我們要給等式的兩邊同時加上 25，這時我們就能得到：$x^2-10x + 25 = 1$。

這個方程式也可以寫成：$(x-5)^2 = 1$。

我們知道，如果一個數的平方等於 1，那麼它就應該等於 1 或者 -1。於是我們就得到兩個一次方程式。

第一個是：$x-5 = 1$，我們從中得到 $x = 6$ 的答案。

第二個是：$x-5 = -1$，我們從中可以得到 $x = 4$ 的答案。這種方法其實對所有一元二次方程式都可使用，而且完全符合我們今天使用的一元二次方程式通解公式：

$$x = \frac{-b \pm \sqrt{b^2-4ac}}{2a} \quad (a \neq 0，b^2-4ac \geq 0)$$

花剌子模生活在 8-9 世紀，是伊斯蘭文明黃金時代最傑出的科學家。他對數學、地理、天文學和地圖學都有非常大的貢獻，此外，他還為代數及三角學的革新奠定了基礎。今

天「代數」一詞的英語單詞「algebra」就出自阿拉伯語的拉丁拼寫「al-jabr」，它是花剌子模所提出的解決一元二次方程式的方法。而「演算法」一詞的英語單詞「algorithm」，就是花剌子模（al-Khwārizmī）的拉丁文譯名。花剌子模的著作後來傳入歐洲，對歐洲數學的發展造成深遠的影響。今天數學界把花剌子模看作可以與牛頓、高斯和阿基米德等人相提並論的最偉大的數學家之一。不過遺憾的是，我們今天對這位傑出科學家的生平瞭解甚少，只知道他可能是波斯人。來自中亞的花剌子模，後來大部分時間生活在巴格達。

花剌子模在看著你，要好好學習數學喔。

有了方程式這個工具後，我們日常遇到的數學問題，一
大半都可以解決了。具體到一元二次方程式，找到它們的解
法對後來的物理學研究至關重要，因為在物
理學中，很多方程式都是一元二次方程
式，例如：加速度和距離的關係、速度
和能量的關係、萬有引力和距離的
關係等。一元二次方程式的問題
不解決，就不可能有文藝復興
後物理學的發展。

數學史上
意義重大的通解公式

一元三次方程式解法

思考 方程式一定有確定的解嗎？

中學階段，我們會學習一元二次方程式「通解」（所有解的通用表達）的解法。

所謂一元二次方程式的「通解」，就是無論你面前的一元二次方程式長什麼樣子，只需要代入一個現成的公式，就可以解出這個一元二次方程式了：

note

只含一個未知數（一元），並且未知數項的最高次數是 2（二次）的整式方程式，叫「一元二次方程式」。一元二次方程式經過整理都可轉化成一般形式 $ax^2 + bx + c = 0(a \neq 0)$。其中 ax^2 叫作二次項，a 是二次項係數；bx 叫作一次項，b 是一次項係數；c 叫作常數項。

$$x = \frac{-b \pm \sqrt{b^2 - 4ac}}{2a} \quad (a \neq 0 , b^2 - 4ac \geq 0)$$

把算式變成 $ax^2 + bx + c = 0$ 的形式，找到 a、b、c 分別是哪個數字並進行代入，就可以得到 2 個 x 的數值，它們都是這個算式的解。

但如果再複雜些呢？從 x^2 變成 x^3，你的方程式升級成了一元三次方程式，還有這樣方便的算式嗎？答案是有的，但是中學階段並不會學到，大多數人可能一輩子都不會知道。

老師的獨門祕笈

一元三次方程式看起來只比一元二次方程式未知數的次數高了一次，但是尋找它的通解難度非常大。阿拉伯數學家花剌子模發現一元二次方程式的通解後，又過了幾百年，都沒有人能夠找到一元三次方程式的通解。最終，一元三次方程式的通解還是被人類發現了，至於是誰發現的，這就涉及數學史上的一樁著名公案了。

故事要回到西元 15 世紀時的義大利。當時正值文藝復興的後期，有很多人對科學和數學的問題感興趣。不過，當

時的歐洲剛剛經歷了漫長的中世紀，科學發展停滯，整體科學水準並不算高。不用說找到通解了，誰要是能想盡辦法解幾個一元三次方程式，就算得上是數學家了。

義大利有一所歐洲著名的大學——波隆納大學，它是廣泛公認西方最古老的大學，距今已經有 900 多年的歷史了。在西元 15 世紀時，波隆那大學有一位叫費羅的數學家，他有一個學生叫菲奧爾。菲奧爾這個人既不聰明，也不好學，看樣子將來也不會有什麼出息。費羅臨死前對這個不成器的學生有點不放心，就對他說：「你將來怎麼辦啊？要不為師傳給你一些祕訣，將來你要是實在混不下去了，就拿它們去找最有名的數學家挑戰。如果你贏了他，便能在數學界揚名，站住腳了。」在傳給菲奧爾祕訣之後不久，費羅老師就去世了。

在老師死後，菲奧爾果然混得不太好，於是就拿出了老師的祕笈，去找一個叫塔爾塔利亞的數學家挑戰。「塔爾塔利亞」是義大利語中「口吃者」的意思，這個數學家的真名叫尼科洛·豐坦納，但是今天很少有人提及他的真名了，而是使用他的綽號。當時歐洲數學家之間盛行挑戰，就是各自給對方出一些自己會做的難題，如果自己解出了對方的題，

同時把對方難倒了，就算贏了。西元 1535 年，菲奧爾聽說塔爾塔利亞會解一些一元三次方程式，就給他出了一堆解三次方程式的難題。這些題目看上去大同小異，都是下面這樣的一些方程式：

$$x^3 + x = 2$$
$$2x^3 + 3x = 5$$
$$x^3 = 2 + 8x$$
$$x^3 + 13x = 6$$

從這些方程式中你會發現，它們沒有 x^2 項。費羅老師給菲奧爾留下的獨門絕技，其實就是這一類方程式的解法。當初，費羅在發現了這類方程式的通解後，只悄悄告訴了自己的女婿納韋以及這個不上進的學生，沒讓旁人知道。因此，費羅猜沒有其他人知道怎樣解這些方程式。塔爾塔利亞在拿到菲奧爾出的這些難題後，也毫不客氣地給對方出了一堆難題，也是求解一元三次方程式的，但有些形式略有不同——那些方程式有 x^2 項，卻沒有 x 項，例如，這樣一些方程式：

$$x^3 + x^2 = 18$$

塔爾塔利亞當時已經摸索出這類特殊的三次方程式的解

法了。雙方約定 40-50 天為期，並且押上了一筆錢做為賭注，於是比賽就算正式開始了。

　　菲奧爾看了一眼對方的題，知道自己做不出來，乾脆直接放棄努力。菲奧爾的如意算盤是，對方如果也做不出自己的題，雙方就算打平了，這樣他就能一戰成名，畢竟是與當時最有名的數學家塔爾塔利亞平分秋色。塔爾塔利亞並不知道這些情況，他每天從早到晚待在書房裡，認認真真地做這些數學題。而菲奧爾則每天偷偷到塔爾塔利亞家附近，透過窗戶望上一眼，看到對方還在埋頭解題，表示還沒有解出來，他心裡就踏實了一點。眼看期限快到了，塔爾塔利亞還沒有

是一鳴驚人還是一敗塗地？

解出來，菲奧爾暗自高興，這場比賽看似能打平。然而，皇天不負有心人，塔爾塔利亞最後解出了對方的難題，贏得了比賽，菲奧爾的如意算盤打錯了，從此再也沒有人關注他，而塔爾塔利亞又花了 6 年時間，找到了所有一元三次方程式的解法。

西元 1535 年的這次挑戰賽，也吸引了當時很多數學愛好者的關注，很多人看到塔爾塔利亞解決了對方出的難題，就想向他學習一元三次方程式的解法，但是塔爾塔利亞就是不肯透露他的獨門絕技。當時的數學家和今天的很不一樣。今天的數學家有了研究成果就想在第一時間發表，這樣可以

他沒解出來，我就放心了。

贏得聲望，而當時的數學家有了新的發現都會保守祕密，然後用那些獨門絕技來挑戰其他數學家，博取名聲和金錢，研究成果就像那些不外傳的武功祕笈。這也是費羅和塔爾塔利亞都不把自己的發現告訴別人的原因。後來有一位叫卡爾達諾的數學家不斷懇求塔爾塔利亞，想知道沒有 x^2 項和沒有 x 項的兩種一元三次方程式的解法，塔爾塔利亞拗不過他的請求，讓卡爾達諾發下毒誓保守祕密後，在西元 1539 年將兩類特殊的一元三次方程式的解法告訴了他。

數學家的決鬥

卡爾達諾有一個很聰明的學生叫費拉里。這師徒倆在塔爾塔利亞成果的基礎上，很快發現了所有一元三次方程式的解法，我們可以把它稱為「通解」。他們倆自然非常高興，但是由於之前發了誓要保守祕密，因此他們不能對外宣布自己的發現，這讓他們非常鬱悶。幾年後，塔爾塔利亞也發現了所有的一元三次方程式的解法，但是他依然保守祕密，不告知別人。

西元 1543 年，也就是塔爾塔利亞和菲奧爾的比賽過去 8

塔爾塔利亞和費拉里的決鬥！

年之後，卡爾達諾和費拉里訪問了波隆那大學，在那裡他們見到了費羅的女婿納韋，得知費羅早就發現了沒有 x^2 項和沒有 x 項的兩類一元三次方程式的解法，這讓師徒二人興奮不已，因為他們覺得費羅的發現先於塔爾塔利亞，他們就不再需要恪守對塔爾塔利亞的承諾了。於是，西元 1545 年，師徒二人將一元三次方程式的通用解法發表在《大技》這本書裡。《大技術》的意思就是「數學大典」，在隨後的幾百年裡，這本書都是世界上最重要的代數書之一。在《大技術》中，費羅是第一個發現了一元三次方程式的解法的人，書中所提

出的解法其實就是費羅的想法。同時，在三次方程式解法的基礎上，費拉里還算出了一元四次方程式的一般性解法。

　　塔爾塔利亞知道這件事後非常憤怒，認為卡爾達諾失信，於是特別寫書痛斥了對方的行為，在當時失信是一件非常不光彩的事情。不過卡爾達諾並不認為自己失信，畢竟費羅在很多年前就完成了這項研究，自己算是站在費羅這位巨人的肩膀上，與塔爾塔利亞的成果無關。這件事在當時被鬧得滿城風雨，而雙方各執一詞，旁人也分不清是非，於是雙方只好採用「決鬥」的方式來解決。當然，這種決鬥不是舞刀弄槍，而是給對方出數學難題。卡爾達諾這一邊決定由學生費拉里出戰，他和塔爾塔利亞給對方各出了些難題，結果費拉里大獲全勝。從此，塔爾塔利亞就回到威尼斯繼續擔任數學教師，無緣晉身菁英層。不過，在今天，一元三次方程式的標準解法公式依然被稱為「卡爾達諾 - 塔爾塔利亞公式」，大家並沒有完全否認他的功績。

　　聽完這個故事，你可能會問，既然一元三次方程式有標準的通解公式，為什麼我們的中學老師不告訴我們，還讓我們用各種技巧來解題呢？這主要是因為，一元三次方程式的通解公式太複雜了。

一元三次方程式通解公式的發現，在數學史上意義重大。它不僅讓人類能夠解決所有的一元三次方程式，更重要的是，它導致數學中「虛數」

的發明，因為在這個通解公式中，涉及計算負數的平方根。過去在解一元二次方程式時遇到這個問題，數學家會選擇迴避，直接宣布一元二次方程式沒有實數解。但是解一元三次方程式，這個問題迴避不了。最終，數學家透過發明虛數解決了這個問題。

最後順便說一句，一元五次和五次以上的方程式不存在通解公式，今天人們是在電腦的說明下解決五次和五次以上方程式問題的。

根據我的體會，今天學習數學，重要的是把實際問題變成數學問題，然後知道如何利用各種軟體工具來解決，而不是花很多時間學一大堆無法舉一反三的技巧。

韓信會不會點兵？

中國的餘數問題

思考 如果只給你除數和餘數，你能寫出一個方程式嗎？

　　右頁圖是中國一道古老的數學題，譯成白話就是：一個數除以 3 餘 2，除以 5 餘 3，除以 7 餘 2，求這個數是多少？

　　歷史上的韓信大概不會這樣點兵，誰會自己為難自己呢？這個問題還被稱作「孫子點兵」、「秦王暗點兵」等，就像我們平時見到的「應用題」，題目中總會出現一些耳熟能詳的背景故事。

　　「點兵」問題最早出現在中國南北朝時期的數學著作《孫子算經》中，這類問題被稱作「物不知數」。

　　如果我們沒有太多的數學知識，也可以透過「湊」的方法找到這個問題的答案。例如，我們從一個數除以 3 餘 2 可以得知，這個數需要從 2、5、8、11、14 等數中尋找，因為它們都是除以 3 餘 2 的數。我們再從除以 5 餘 3 出發，知道

今有物不知其數，
三三數之剩二，五五數之剩三，七七數之剩二，
問物幾何？

如何幫韓信來點兵？

這個數要從 3、8、13、18、23 等數中間找；類似地，我們
從除以 7 餘 2 出發，知道這個數屬於 2、9、16、23、30 等
數中的某一個，最終只要找到那個出現了三次的數就對了。

如果用集合的形式把圖畫出來，它們的交集，即圖中重
合的部分，就是這道題的答案。

我們不難發現，滿足條件的最小數字是 23。如果你熟

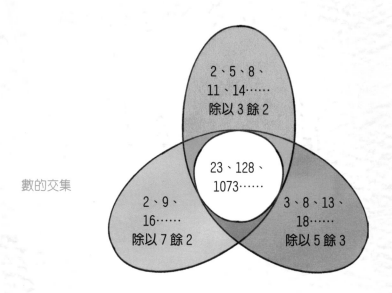

知最小公倍數，很快就會找到第二個答案——3×5×7 等於
105，你只需要用 23 加上 105，得到的 128 依然滿足題目中
的三個條件。不過，既然是韓信大將軍來點兵，總不能只點
23 人或是 128 人，如果韓信要點一支不少於 1000 人的突擊
隊，你還能快速找到符合條件的數嗎？

最接近 1000 的答案是 1073。

從《孫子算經》到《數書九章》

這一類已知整數相除後的餘數，尋找原來整數的問題，

後來在數學上有了一個標準的名字，叫「一元線性同餘方程組求解問題」，讀起來雖然有些繞口，但你只需要知道它是一個方程式問題就夠了。

「除以 3 餘 2、除以 5 餘 3、除以 7 餘 2」，這個問題可以用下面三個方程式構成的方程組來描述，我們最終要找到 x 是多少。

$$
\begin{cases}
x = 3k + 2 \\
x = 5m + 3 \\
x = 7n + 2 \quad （k、m、n 為非負整數）
\end{cases}
$$

由於方程組中有四個未知數，卻只有三個方程式，因此這個方程組可能有多個解，也如我們前文中得到的答案「23、128、1073、……」，那樣，最終找到的 x 出現了許多種可能。

《孫子算經》是世界上第一本提出這類問題的數學著作，但遺憾的是，這本書雖然給出了具體問題的答案，卻沒有從理論上解決這類問題。

傳說第一個找到並證明這類問題並求出解的是印度著名的數學家和天文學家阿耶波多，他生活在西元 5 世紀末到 6 世紀中期，是個很厲害的人。在數學上，阿耶波多把圓周率

仰望星空

計算到 5 位有效數字；在天文學上，他根據天文觀測提出日心說，並發現日食、月食的成因。因此，印度在西元 1975 年發射的第一顆人造衛星以他的名字命名。

　　阿耶波多用具體過程，從而證明答案的存在。說回「韓信點兵」，南宋數學家秦九韶定出實例為這個問題做出了完整的解答。他的工作記載在西元 1247 年寫成的《數書九章》中。

　　西元 19 世紀初，英國漢學家、倫敦傳道會傳教士偉烈亞力將《數書九章》翻譯成英文，介紹給西方世界，這讓當

時的歐洲人瞭解到了中國古代的數學成就。而在西方世界，最早的完整系統解法是由高斯在西元 1801 年提出的。由於中國人提出具體方法的時間較早，所以這個問題今天被稱為「中國餘數問題」。

在近代中西文化交流中，偉烈亞力的貢獻非常大。他在中國生活了近 30 年，一方面，他和李善蘭合作，把西方的科學著作《續幾何原本》、《數學啟蒙》、《代數學》和美國的大學數學教材《代微積拾級》介紹到中國，並翻譯成中文。另一方面，他又將中國的文化傳播至西方，包括《易經》、《詩經》、《春秋》、《大學》、《中庸》、《論語》、

偉烈亞力和李善蘭

《孟子》、《禮記》等經典著作。西方人瞭解屈原、李白、蘇東坡等人，就是因為偉烈亞力的工作。

如果你想繼續研究餘數問題，就得知道它屬於初等**數論**這個分支。中國餘數問題的意義在於，它引出了初等數論中一個重要

概念——同餘。所謂「同餘」就是說：如果兩個數 x 和 a 除以同一個數 m 的餘數相同，我們就稱 x 和 a 對於除數 m 同餘，寫成：$x \equiv a \pmod{m}$，讀作「x 同餘於 a 模 m」，且 x 和 a 是整數，m 是正整數。

有了同餘這個概念，我們就可以把中國餘數問題用下面這種形式寫出來，這叫作「一般性描述」：

$$(S): \begin{cases} x \equiv a_1 \pmod{m_1} \\ x \equiv a_2 \pmod{m_2} \\ \vdots \\ x \equiv a_n \pmod{m_n} \end{cases}$$

也就是要尋找除以 m_1 餘 a_1，除以 m_2 餘 a_2，⋯⋯除以 m_n 餘 a_n 的整數。哪怕條件再多，今天也有現成的公式可以代入計算，因為過程比較複雜，這裡就不列舉了。

密碼中的同餘問題

在近代數論裡，同餘問題非常重要，它和近世代數、電腦代數、密碼學和電腦科學都有密切關係，特別是在密碼學中有著非常廣泛的應用。例如，今天國際銀行帳戶（IBAN）就用到了模 97（以 97 為除數的同餘）的算術，來檢查用戶在輸入銀行帳戶號碼時的錯誤。此外，今天最常見的 RSA 加密演算法和迪菲－赫爾曼金鑰交換等公開金鑰演算法，都是以同餘為基礎；即便是區塊鏈所用到的橢圓曲線加密演算法以及新的加密基礎，也離不開同餘這個概念。你會發現，這些實際生活中的應用聽起來非常複雜，但它們的基礎都是簡單的同餘問題。

數學，正是無數世界的基石，你只要越接近它，越會感到興奮。

從「費馬猜想」到「費馬最後定理」的演變

費馬最後定理問題

思考 你做過哪些看似無意義卻很有收穫的事？

　　我們前面提到的畢氏定理有 $a^2 + b^2 = c^2$，那麼，有沒有可能找到一些整數，使得 $a^3 + b^3 = c^3$，如果把 3 依次替換成 4、5、6、7…… 呢？這類問題被稱為「不定方程式整數解」的問題。因為一個方程式有多個未知數，這些未知數的值無法完全確定，所以稱為不定方程式。早在古羅馬時期，數學家丟番圖就開始思考這類問題。但是這類問題數量太多，丟番圖不可能找到一種系統性的方法來解決。

費馬猜想的提出

　　西元 1637 年，法國數學家費馬在閱讀丟番圖《算術》

我負責猜想，你負責解決。

一書時，在第 11 卷第 8 命題旁寫下了這樣一段話：

將一個立方數分成兩個立方數之和，或將一個四次冪分成兩個四次冪之和，或者一般地將一個高於二次的冪分成兩個同次冪之和，這是不可能的。關於此，我確信我發現了一種美妙的證法，可惜這裡的空白處太小，寫不下。

費馬的話用數學語言準確地表述一下就是：當 $n \geq 3$，不可能找到三個非 0 的整數 a、b、c，使得 $a^n + b^n = c^n$。

這個命題過去被稱為「費馬猜想」，今天被稱為「費馬最後定理」。它看上去很簡單，卻困擾了人類 350 多年。

由於費馬聲稱自己想到了一種證明方法，因此這個問題給人的第一感覺便是證明它大概不會很困難。但事實並非如此，今天回過頭來看，應該是費馬自己搞錯了，以他的知識是無法證明這個難題的。

在費馬提出這個猜想之後，數學家紛紛上陣，試圖解決

這個問題，但是很快發現這個問題比想像的要複雜得多。

西元 1770 年，大數學家歐拉證明 n = 3 時這個猜想成立。也就是說，不可能有一個立方數，被拆成兩個立方數之和。西元 1825 年，高斯和法國女數學家**熱爾曼**同時獨立證明了費馬猜想在 n = 5 的情況下成立。

在費馬猜想提出之後的 200 多年裡，數學家證明了對於很多取特定值的 n，這個猜想是成立的，但是對於一般情況，大家依然一籌莫展。西元 1908 年，德國人沃爾夫斯凱爾還宣布設立一個 10 萬德國馬克的獎金給第一個證明該猜想的人。於是，不少人嘗試並遞交他們的「證明過程」，當然，這些證明絕大部分都極不可靠。後來德國在「第一次世界大戰」中戰敗，他們的貨幣馬克大幅貶值，10 萬德國馬克一文不值，大家的興趣也就銳減了。

不過，還有很多數學家並不是為了金錢，他們致力於探

看我的！

不，看我的！

索新的知識領域，孜孜不倦地研究這個問題，但是大多數人都走錯了方向。

懷爾斯的證明

情況到西元 1955 年才有了轉機。這一年的 9 月，年輕的日本數學家谷山豐提出一個猜想，這個猜想描述了橢圓曲線和數論的一些關係。西元 1957 年，谷山豐和志村五郎又把這個猜想描述得更加嚴格，這個猜想後來就被稱為「谷山-

志村猜想」。遺憾的是，西元 1958 年谷山豐自殺身亡，這方面的研究就暫時停止了。到西元 1980 年代，德國數學家格哈德・弗列發現谷山 - 志村猜想如果被證明了，應該就能證明費馬猜想，於是，很多數學家的注意力就被吸引到這個方向上了。在這些人中，最突出的是年輕的英國數學家安德魯・懷爾斯。

西元 1953 年，懷爾斯出生於一個英國高級知識分子家庭，他在 10 歲的時候被費馬最後定理吸引，並因此選擇了數學專業。雖然他的父親是研究神學而非數學的，但懷爾斯還是受到了父輩的薰陶，養成了很好的科學素養。他不會像民間科學家那樣，用初等數學的知識去證明那些初等數學根本無法解決的問題，而是接受了長期的訓練，並做了充足的準備。

西元 1986 年，33 歲的普林斯頓大學教授懷爾斯在做了 10 多年的準備後，覺得證明費馬最後定理的時間成熟了，終於決定將全部精力投入該定理的證明上。為了確保別人不受他的啟發率先證明這個著名的定理，他決定在證明出這個定理以前不發表任何關鍵性的論文，而在此前，他是在數論領域最為活躍，發表論文也非常多的數學家。

當然，懷爾斯也知道，證明費馬最後定理這樣的難題，如果只是一個人苦思冥想，難免會陷入死胡同而不自知，有時自己的推導出現了邏輯錯誤，自己也不容易看出來。為了避免這種情況的發生，懷爾斯利用在普林斯頓大學教課的機會，不斷將自己的部分想法作為課程的內容講出來，讓博士生來挑錯。

現在把舞台交給你們！

西元 1993 年 6 月底，懷爾斯覺得自己準備好了，便回到他的故鄉英國劍橋，在劍橋大學著名的牛頓研究所裡舉辦了三場報告會。為了產生爆炸性的新聞效果，懷爾斯甚至沒有預告報告會的真實目的。因此，前兩場報告會的觀眾並不多，但是這兩場報告之後，大家都明白接下來他要證明費馬最後定理了，於是在西元 1993 年 6 月 23 日最後一場報告會

舉辦時，牛頓研究所裡擠滿了人。

據估計，現場可能只有 $\frac{1}{4}$ 的人能聽懂報告，其餘的人來這裡是為了見證一個歷史性的時刻。很多聽眾帶來了照相機，而研究所所長也事先準備好了一瓶香檳酒。當寫完費馬最後定理的證明過程時，懷爾斯很平靜地說道：「我想我就在這裡結束。」會場上爆發出一陣持久的掌聲。這場報告會被譽為20世紀該研究所最重要的報告會。隨後，《紐約時報》用了「尤里卡」（Eureka）做標題報導了這個重要的發現，而這個詞是當年阿基米德在發現浮力定律後喊出來的，意思是「我發現了」。

補上漏洞

不過，故事並沒有到此結束，數學家在檢查懷爾斯長達170頁的證明邏輯之後，發現了一個漏洞。懷爾斯和所有人一開始都認為這個漏洞很快就能補上，但是後來才發現這個漏洞會顛覆整個證明的過程。隨後，懷爾斯又獨立工作了半年，但毫無進展，在準備放棄之前，他向普林斯頓大學的另一位數學家表達了自己的困境。對方告訴他，他需要一位信

得過的，並可以討論問題的助手幫忙。

　　經過一段時間的考慮和物色，懷爾斯請了劍橋大學年輕的數學家理查‧泰勒來普林斯頓大學一同工作。西元 1995 年，安德魯‧懷爾斯和理查‧泰勒共同證明了谷山 - 志村猜想的一個特殊情況（半穩定橢圓曲線的情況），這個特殊情況被證明後，費馬猜想就迎刃而解了。於是，在泰勒的幫助下，懷爾斯補上了那個漏洞。

　　由於有了上一次的「烏龍」，懷爾斯這次有點懷疑自己是在做夢，於是他到外面轉了 20 分鐘，發現自己沒有在做夢，這才喜出望外。由於懷爾斯在證明這個定理時已經超過 40 歲，無法獲得**菲爾茲獎**，因此國際數學大

菲爾茲獎是依加拿大數學家約翰‧查理斯‧菲爾茲的要求設立的國際性數學獎項，於西元 1936 年首次頒發。菲爾茲獎是數學領域最高獎項之一。獲獎者必須在該年元旦前未滿 40 歲，每人能獲得 1.5 萬加拿大元獎金和金質獎章一枚。因諾貝爾獎未設置數學獎，故該獎被譽為「數學界的諾貝爾獎」。

這次肯定沒有擺烏龍。

會破例給他頒發了一個特別貢獻獎，而這也是迄今為止菲爾茲獎唯一的特別貢獻獎。懷爾斯後來還獲得了數學界的終身成就獎——沃爾夫獎。

此後，泰勒在懷爾斯工作的基礎之上，繼續研究谷山-志村猜想的一般情況，並且最終在西元 2001 年和布勒伊、康萊德、戴蒙德完成了對這個猜想的全部證明。泰勒後來也獲得了很多數學大獎，包括美國的科爾獎和西元 2015 年的**數學突破獎**。

費馬猜想和谷山 - 志村猜想被證明後，被正式稱為「費馬最後定理」和「谷山 - 志村定理」了，而前者其實是後者的一個特例。

從懷爾斯證明費馬最後定理的過程，我們能夠體會到，數

突破獎旨在彌補諾貝爾獎滯後的不足。因為諾貝爾獎通常需要等到科研成果被驗證後才獎勵科學家。突破獎會及時地鼓勵有突破性科學貢獻的年輕科學家，獎金也高達 300 萬美元，遠遠超過諾貝爾獎。這使得獲獎者有條件做出更大的貢獻。

學是世界上最嚴密的知識體系，任何推導不能有絲毫的紕漏，懷爾斯就差點因為一個小的疏忽毀掉了整個工作。

證明這個古老的數學難題有什麼意義呢？這個定理的證明過程出現了很多數學研究成果，特別是對於橢圓方程式的研究。今天區塊鏈技術用到的橢圓曲線加密演算法，就是以它為基礎的。除了懷爾斯，很多數學家，特別是谷山豐和泰勒，對這一系列理論做出了重大貢獻。今天的比特幣就是谷山豐理論的一次有意義的應用。

無窮小量到底是不是 0？

無窮小量問題

思考 為什麼除數不能是 0 呢？

在歷史上，牛頓和萊布尼茲是理性主義認識論的代表人物。他們相信透過人的理性可以總結出世界的規律。不過在英國，很多哲學家並不同意這種看法，他們更看重經驗，這一派人被後來的人稱為經驗主義哲學家。在歷史上，理性主義者和經驗主義者經常產生爭論，互相指出對方理論的漏洞。牛頓在發明微積分後，就遇到了這樣一位經驗主義的對頭。

我們如果仔細審視一下牛頓計算瞬間速度的公式，就會發現一個問題，當時間間隔 Δt 越來越接近 0 的時候，公式中的除法是否還能進行呢？

$$v = \lim_{\Delta t \to 0} \frac{\Delta s}{\Delta t}$$

我們在小學學習除法時，都知道除法算式的分母不能等於 0。這樣問題就來了，如果 Δt 不等於 0，那麼上面的公式給出的還是平均速度，不是瞬間速度；如果 Δt 等於 0，那麼上面的公式就違反了除法的規定。這看似是一個悖論，而這個悖論最初是由一位叫喬治·柏克萊的英國大主教提出來的。

　　柏克萊這個名字很多人並不熟悉，不過瞭解哲學的人都知道他。柏克萊雖然身分是大主教，但他是和約翰·洛克、大衛·休謨一道，被譽為經驗主義三大代表人物的哲學家。今天著名的加州大學伯克利分校校名裡面的「伯克利」三個字，其實就是柏克萊的名字。

　　牛頓認為時間和空間是絕對的，1 公里就是 1 公里，1 分鐘就是 1 分鐘，但柏克萊講，世界上除了上帝，哪有什麼絕對的東西，時間和空間也不是絕對的。

　　今天看來，柏克萊質疑牛頓的絕大部分都是錯的，因此，牛頓那個時

note

當時萊布尼茲也認為時空是相對的，在時間上，只有先後次序、因果關係，沒有絕對的時間。後來愛因斯坦的相對論其實就是建立在萊布尼茲相對時空觀的基礎上的。

我們或許應該聯手對付這些「愛找碴」的傢伙！

代的物理學家也懶得理他。不過，柏克萊質疑 Δt 這個「無窮小的量」到底是不是 0 倒是非常有道理的。牛頓也不知道怎麼回應柏克萊的疑問，因為當時無論是他還是萊布尼茲，都無法給無窮小量下一個準確的定義。你如果問牛頓什麼是無窮小，牛頓可能會說，就是非常非常小，可以忽略不計。萊布尼茲在這方面也是含糊其詞。

很顯然地，整個微積分就建立在導數基礎上，而導數的定義離不開一個無限趨近 0 的無窮小量，這個問題不解決，

微積分的邏輯就不再嚴密。在數學上，如果失去了邏輯的基礎，整個數學的世界就將倒塌。因此，柏克萊發現的這個問題看似很小，甚至有點雞蛋裡面挑骨頭的嫌疑，但是卻引發了數學史上第二次數學危機。因此，牛頓之後的數學家想方設法地要把牛頓留下的這個漏洞補上。在這方面貢獻最大的是法國數學家柯西和德國數學家**魏爾施特拉斯**。

柯西是西元19世紀法國數學界的集大成者，他在法國數學史上的地位，猶如牛頓在

note

魏爾施特拉斯生於德國西伐利亞地區的奧斯騰費爾德。他被譽為「現代分析之父」，研究領域包括：冪級數理論、實分析、複變函數、阿貝爾函數、無窮乘積、變分學、雙線型與二次型、整函數等。

英國的地位、高斯在德國的地位。我們今天所學習的微積分，其實並不是牛頓和萊布尼茲所描述的微積分，而是經過柯西等人改造過的更加嚴格的微積分。與牛頓不同的是，柯西放棄了微積分在物理學和幾何學上直接的對應場景，完全從數學本身出發，重新定義微積分中各種含糊的概念。

柯西試圖像歐幾里得改造幾何那樣改造微積分，讓它變

柯西和
魏爾施特拉斯

成一個基於公理，在邏輯上更準確的數學分支，這樣微積分
的應用場景會更加廣泛，也會適用於各種場景。柯西很清
楚，若微積分要像幾何學那樣幾千年屹立不倒，對於概念的
定義就需要極為準確，不能有任何疑義。而對於無窮小量和
極限這樣的概念，要想定義清楚，就不能靜態地描述它們，
而要把它們定義為動態的趨勢。這是柯西超越了牛頓和萊布
尼茲的地方。

　　柯西對極限的描述採用了逆向思維，相比之下，牛頓和

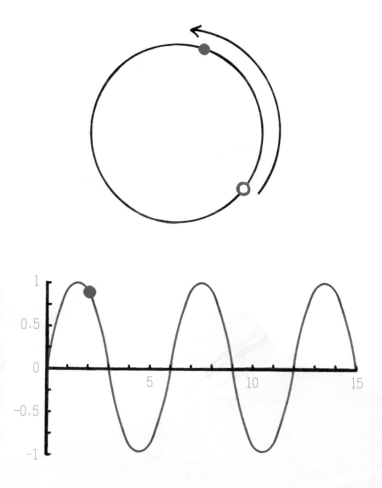

等速逆時針轉動的單位圓盤

萊布尼茲的論述完全是正向的。我們不妨還是用瞬時速度的
例子來說明柯西是如何描述瞬間速度的，看看他和牛頓、萊
布尼茲之間在思維方式上的差別。

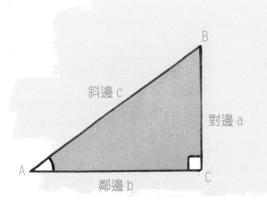

sin 指正弦。在直角三角形中，任意一銳角∠A的對邊與斜邊的比值叫作∠A的正弦，記作 sinA。

我們假定有一個等速逆時針轉動的單位圓盤，圓盤上有一個點，在 t＝0 的時候，它在水平線上，請問這時它在垂直於水準方向上運動的速度是多少？

單位圓盤上水準位置的點，在經過了 Δt 的時間後，垂直運動的距離是 sinΔt，sin 代表正弦函數，不瞭解它也沒關係，只需要知道運動的垂直速度依然是距離除以時間，即 $v = \lim\limits_{\Delta t \to 0} \dfrac{\Delta s}{\Delta t}$ 就好。當 Δt 趨近 0 的時候，分子分母都趨近 0，那麼這個比值是多少呢？

柯西也採用了一種動態逼近的方式來解決這個問題。為了得到直觀的感覺，我們把 Δt 不斷變小時，v 的數值變化總結在右頁表中。

你找或不找，我都在這裡。

sinΔt 和 Δt 的無限趨近問題

Δt	1	0.1	0.01	0.001	...	0
$\dfrac{\sin\Delta t}{\Delta t}$	0.84	0.998	0.99998	0.9999998	...	1

我們可以看到這個比值是趨近 1 的，因此牛頓會說，當 Δt 趨近 0 時，瞬間速度就是 1，因為從這個趨勢來看分明是越來越接近 1 嘛！

　　這種說法並不嚴格，因為無法用過去的數學理論來證明。對此，柯西會告訴大家兩件事：第一，他肯定 $\dfrac{\sin\Delta t}{\Delta t}$ 這個比值最後就是趨近 1；第二，他設計了一套證明這個結論的方法，他的思路是證明這個比值和 1 之間的誤差無限趨近 0。柯西的這種說法，就比牛頓和萊布尼茲說的「越來越接近」準確嚴格得多了。實際上，柯西是把皮球踢給了柏克萊，意思是說，你覺得 $\dfrac{\sin\Delta t}{\Delta t}$ 不等於 1，對吧，那麼好，你來規定一個小的誤差，我讓 Δt 趨近 0 的時候，總能滿足你的誤差要求。這樣，柏克萊就永遠玩不過柯西，也就無法否認兩個都趨近 0 的無窮小的比值是存在的了。

　　後來，德國西元 19 世紀末的數學家魏爾施特拉斯認為柯西這樣描述還不夠精確，因為它更像是自然語言的描述，而不是嚴格的數學語言。於是魏爾施特拉斯給出了他對於極限的定義方法。這種定義方法非常嚴格，而且具有普遍意義，牛頓和萊布尼茲所說的導數，是魏爾施特拉斯所定義的極限中的一種。這樣才算徹底解決了柏克萊的疑問，也算是幫助

數學度過了第二次危機。

我們前面討論的芝諾悖論，其實也涉及極限的概念，或者說那些悖論和柏克萊的疑問基本上說的是同一回事。

在數學的發展歷史上，提出不同意見，甚至是悖論，並不可怕，正是因為有人不斷挑戰數學家，才讓數學家把數學概念定義得越來越清晰，讓數學理論基礎越來越扎實，也才促進了數學的發展。因此，換一個角度來看，大家口中的「危機」也會變成轉機。不過，某個時代所發現的危機，通常在那個時代的人是沒有能力解決的。這個原因也很容易理解，所謂時代的危機，就是因為那件事超出了當時人們的認知水準，才會成為危機。想要解決危機，或許當時的理論是不夠的，總是需要後面的人發展出新理論。無論是第一次數學危機還是第二次數學危機，都是過了很長時間才得到解決的。

如何在無限多房間的滿房旅館裡「擠出」空房？

希爾伯特旅館悖論

思考 如果無窮大翻了一倍，還是無窮大嗎？

　　我們在前面講到了無窮小量，和無窮小量對應的是無窮大。人類在數學上思考無窮的問題，從古希臘時代就開始了，但是直到現代，人類才能用嚴謹的邏輯討論和無窮有關的概念。

神奇的酒店

　　西元 1924 年，德國的大數學家希爾伯特覺得有必要提醒同行，不要再用對有限世界的認知去理解無窮大的世界。於是，他在當年的世界數學大會上講了一個旅館悖論，讓人們重新認識無窮大的哲學意義。希爾伯特的旅館悖論是這樣

用你無窮大的思維想想辦法啊！

講的：

假如一個旅館有很多房間，每一個房間都住滿了客人，這時你去旅館前台問：「還能給我安排一個房間嗎？」老闆一定說：「對不起，所有的房間都住進了客人，沒有辦法安排您了。」

但是，如果你去一家擁有無限多個房間的旅館，情況可能就不同了。雖然所有的房間均已客滿，但老闆還是能幫你「擠出」一間空房。他只要這樣做就可以了：他對服務生講，將原先在 1 號房間的客人安排到 2 號房間，將原先在 2 號房間的客人安排到 3 號房間，以此類推，這樣空出來的 1 號房

間就可以給你了。以此類推，就算來成百上千的人，也可以用這種方式安排進「已經客滿」的旅館。

　　這種已經客滿，卻有無窮多房間的旅館，不僅可以增加有限個客人，還能增加無限個新客人。具體的作法是這樣的：

　　我們讓原來住在第 1 間的客人搬到第 2 間，第 2 間的客人搬到第 4 間…… 總之，就是讓第 n 間的客人搬到第 2n 間即可。這樣就能騰出無數間的客房安排新的客人了。

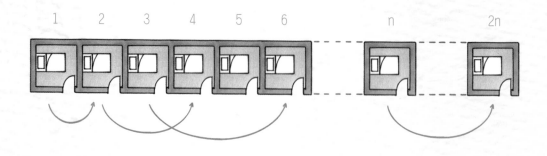

　　接下來的問題就來了，既然每個房間都被現有的客人占據了，又怎麼能擠得出空房間給新客人？因此，我們說這是一個悖論。不過這個「旅館悖論」 其實並不是真正意義上的數學悖論，它僅僅是與我們直覺相違背而已。在我們的直覺中，每個房間都被占據，和無法再增加客人是同一個意思，但這只是在「有限」的世界裡成立的規則。

在無窮大的世界裡，它有另一套規則。因此，數學上關於有限世界的很多結論，放到無窮大的世界裡，不見得全部成立。例如，在有限的世界裡，一個數加上 1 就不等於這個數了，因為比原來的數大 1；100 乘以 2 是 200，不等於原來的 100。這些規律，在無窮大的世界裡就不成立，無窮大加 1 還是無窮大，無窮大乘以 2 還是無窮大。這也是為什麼在旅館悖論中的那個旅館，再增加一個客人，甚至無窮個客人，旅館依然能夠容納得下的原因。

無窮大的世界

希爾伯特提醒人們，對於在有限世界裡驗證過的數學結論，到了無窮大的世界裡要重新驗證一遍，有些規則還成立，有些就不成立了，不能簡單地把有限世界的規則放大，直接搬到無窮大的世界裡。例如，在有限的集合中，整體大於局部，這是一個基本公理，正是因為這個公理的存在，具有 1000 間客房的旅館，偶數號房間的數量一定小於總數。然而，在有無窮房間的旅館中，偶數號房間的數量與總房間數量是相同的。甚至，我們可以證明一條長 5 公分的線段上

的點，比一條長 10 公分線段上的點還要多。

　　我們把 10 公分長的線段 L_1 和 5 公分長的線段 L_2 平行放置，如圖所示。我們在 L_2 上取中點 M。然後，我們把 L_1 和 L_2 的左邊端點連接畫一條直線，把 L_1 的右邊端點和 M 連接，畫另一條直線，這兩條直線的交點為 S。

　　那麼 L_1 上的每一個點 X，在 L_2 上都能找到一個對應點 Y。

　　接下來，對於 10 公分長線段 L_1 上的任意一個點 X，我們將 X 和 S 相連畫一條直線，這條直線必然和線段 L_2 有一個交點，並且這個交點一定會在 M 的左邊，我們假設這個交點為 Y。這就說明 L_1 線段上的任意一個點，在 L_2 的左半邊都可以找到一個對應點。因此，L_2 左半邊的點的數量應該不少於整個 L_1 上的點。顯然，L_2 左半邊的點的數量只有整個 L_2 點

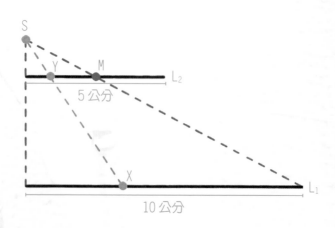

的數量的一半。於是我們就得到一個結論，只有 5 公分長的線段 L_2 上的點比 10 公分長的線段 L_1 上的點還要多。

上面的推理過程沒有任何邏輯謬誤，那麼為什麼這個結論和我們的直觀感覺會不同呢？那是因為我們從有限的世界裡所獲得的直觀感受是錯的，無窮大的世界和我們想的不是一回事。

當然，我們也可以把左頁圖中的 L_1 和 L_2 對調一下，就很容易證明 L_1 上的點比 L_2 上的點多。這樣我們就得到了自相矛盾的結論。

康托爾的解答

要解決這個矛盾，我們就必須放棄在有限**集合**內比大小的作法，並引入新的比較大小的方法。解決這個問題的是德國數學家格奧爾格・康托爾，他引入一個工具來比較無窮大的

note

集合是指具有某種特定性質的元素匯總而成的整體。例如，所有亞洲人的集合，它的元素就是每一個亞洲人。若 a 是集合 A 的元素，則稱 a 屬於 A，記為 $a \in A$；若 a 不是集合 A 的元素，則稱 a 不屬於 A，記為 $a \notin A$。

大小。康托爾的作法是這樣的：

假如有兩個無窮大的集合 A 和集合 B，如果集合 A 中的任意一個元素都能夠在集合 B 中找到對應的元素，同時集合 B 中的任意元素也都能在集合 A 中找到一個對應的元素，那麼就是說這兩個無窮大的集合 A 和集合 B 的勢（或者基數）相同。通俗地講，就是這兩個無窮大的集合一樣大。根據康托爾的這個方法，我們可以得知，所有的整數和所有的偶數是一樣多的，所有的正整數和所有的整數也是一樣多的，不僅如此，所有的有理數和所有的整數還是一樣多的。這一類的無窮大，被稱為第一級的無窮大。以此類推，5 公分長的線段上的點的數量和 10 公分長的線段上的點的數量，它們的勢相同，因此我們也可以認為它們是一樣多的。

但是，所有實數和

所有有理數卻不是一樣多的，實數的數量要多得多，因為我們總能找到一些實數，無法用有理數來對應。不僅如此，從 0 到 1 之間的實數，比所有的有理數都要多。實際上，如果你把數軸放大了看，任意兩個有理數之間都有無窮多個無理數。於是，康托爾把實數的集合定義為第二級的無窮大。那麼，還有沒有更高級別的無窮大呢？還是有的，我們在任意一個無窮大的集合之上，可以構建出很多不同種類的函數，這些函數的數量非常多，所有函數的集合又構成了更高一級，也就是第三級的無窮大。

對於有限集合成立的很多數學結論，到了無窮的世界裡就不成立了，例如，「整體大於部分」的這條結論就不再成立。

希爾伯特透過旅館悖論，提醒大家把有限世界中的規律放到無限世界裡可能就完全不同了。事實上，在希爾伯特發表此悖論後，全世界數學家不得不回去把所有的數學結論在無窮大的世界裡又推導了一遍，看看有沒有什麼漏洞。經過

驗證，還真發現了很多漏洞。

　　既然無窮大不是一個簡單的數，不能按照對於一般數的理解來看待它，那它的本質是什麼呢？數學家巴赫曼和康托爾給出了答案：無窮大不是靜態的，而是動態的，它反映一種趨勢，一種無限增加的趨勢。所謂高一級的無窮大，就是比低一級的無窮大速度增加得更快。像「1、2、3、4⋯⋯」這樣不斷增加，速度是比較慢的，「2、4、6、8⋯⋯」的增加速度其實也差不多，因此它們是同一級別的。但如果是「1、2、4、8、16⋯⋯」這樣增加，就要快很多。因此，無窮大代表著一種新的科學世界觀，就是讓我

這就是
無窮大的世界嗎？

們關注動態變化的趨勢，特別是發展變化延伸到遠方之後的情況。

　　無窮大世界的很多特點顛覆了常人的認知，這並不是說大家原先的認知有問題，而是說我們在有限世界裡得到的認知太狹隘了，相比浩瀚的宇宙和人類的知識體系，我們的認知可能就如同小小的螞蟻，受限於我們的生活環境。

　　當然，有些很多朋友可能會問，既然我們生活在有限的世界裡，甚至宇宙也是有限的，那麼瞭解無窮大世界有什麼現實的意義呢？它的意義當然很多，在電腦科學中，我們對比兩個演算法的好壞，就要考慮它們在處理近乎無窮大的問題上的表現。通常，很多演算法在處理小規模問題時速度相差不大，但是在處理大規模問題時，很容易就相差出幾百萬倍，甚至超過兆倍。

LESSON 12

現在解決不了的問題
或許並非無解

三個古典幾何學難題

思考 你能準確畫出 π 有多長嗎？

　　在幾何學中，有幾個古典的作圖難題，看上去很容易，但是幾千年裡也沒有人能解決，即便高斯等天才對它們也是無能為力。但是，西元 19 世紀歐洲的兩位天才少年卻發明了一種被稱為「群論」的數學工具，讓這些問題瞬間得到解決。要解釋群論，我們先來看看這三個古典數學難題。

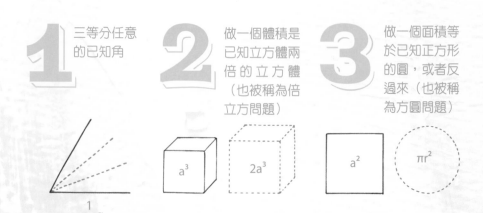

當然，這些幾何作圖題只能使用圓規和直尺。

第二個問題和第三個問題其實有相似性，就是用圓規和直尺做出一個無理數的長度，它們分別是 2 的立方根（$\sqrt[3]{2}$），以及圓周率（π），如果我們能做出這些長度，這兩個問題就

迎刃而解了。反之，如果我們能證明這是做不出的，則說明上述問題無解，也算是把問題解決了。

至於第一個問題，其實等價於算出 $\dfrac{1}{3}$ 個角的任何一種三角函數，相應的公式並不難寫出，例如，計算 $\cos \dfrac{x}{3}$（餘函數），只要解出下面的方程式即可：

$$\cos x = 4\cos^3 \frac{x}{3} - 3\cos \frac{x}{3}$$

大家不用理解這個方程式，只需要知道這個方程式的解包含了立方根，因此它和第二個問題一樣即可。這樣看來，

三個古典的幾何學難題，都涉及用圓規和直尺解決一個無理數的問題。

無法尺規作圖解決

在長達上千年的時間裡，很多數學家都是拿著圓規和直尺不斷嘗試解決這些幾何作圖題。由於每一個尺規作圖難題的解法之間沒有什麼規律可循，因此能否解出一道題，有時會靠一點經驗和運氣。例如，高斯解決了正十七邊形畫法的問題，會靠經驗與一點運氣，因為在單位圓上的

我們要畫自然數 17 的平方根 $\sqrt{17}$，根據畢達哥拉斯定理，我們找到兩個邊長平方的和等於 17 的直角三角形即可，例如，我們設定邊長為 1 和 4，它的斜邊長度自然就是 $\sqrt{17}$。

正十七邊形邊長計算出來只有平方根，不涉及立方根或者五次方根。

而任何自然數的平方根都可以用圓規和直尺做出來，這

是靠畢氏定理為基礎的。

　　但是，如果把高斯所用的技巧應用到正七邊形或者正十九邊形上，就不管用了。

　　如果把直到西元 19 世紀的解決幾何學作圖題的歷史做一個總結，我們可以得到這樣兩個規律：

1. 關於幾何作圖問題並沒有系統性的數學工具，那些難題都是孤立的，解決一個問題對解決其他問題沒什麼幫助。

2. 能用直尺和圓規做出來的幾何圖形，只涉及有理數和平方根的長度，做不出來的通常涉及立方根，或者其他複雜的無理數。

　　西元 19 世紀初的數學家雖然注意到了第二個規律，但是沒有人知道如何解決，而系統地解決上述問題的就是我們說的兩位不世出的天才，一個是法國的埃瓦里斯特·伽羅瓦，另一個是挪威的尼爾斯·亨里克·阿貝爾。這裡我們重點說說伽羅瓦。

天才伽羅瓦

伽羅瓦生於西元 1811 年，死於西元 1832 年，只活了 20 歲。他和阿貝爾各自獨立地奠定了近世代數中群論的基礎。伽羅瓦屬於智商極高的人，這種人其實非常難培養，因為普通人在他們看來太平庸。因此，伽羅瓦在中學時得到的評語是「奇特、怪異、有原創力卻封閉」。

伽羅瓦 11 歲時在法國著名的路易皇家中學讀書，成績很好，但是他覺得學習內容太簡單，於是就對學校的學習開始厭煩了。所幸的是，他 14 歲的時候愛上了數學，並開始瘋狂地學習數學，並且在 15 歲就能閱讀大數學家拉格朗日的原著。當然，從此他對其他學科再也提不起任何興趣了。

因此，伽羅瓦得到上述評語並不奇怪。

伽羅瓦接下來投考大學也不順利，西元 1829 年，他第二次投考法國著名的精英大學巴黎綜合理工學院，又在口試中落榜。

走自己的路，讓別人說去吧！

一般認為，伽羅瓦應該通過合格的標準，但是他還是失敗了。有些人認為是因為伽羅瓦在邏輯推理中跳過太多步驟，使得考官跟不上他的思路，導致他無法錄取。也有些人認為父親的剛剛去世是影響他表現的原因之一。總之，他沒有考上。不過，伽羅瓦隨後卻考上了法國最著名的巴黎高等師範學院（簡稱「巴黎高師」），這是今天全世界基礎數學研究的聖地，也是出菲爾茲獎獲得者相對較多的地方之一。在巴黎高師，老師們對他的評價是，想法古怪，但是十分聰明，並體現出了非凡的學術精神。

伽羅瓦最初的重要數學成就完成於他在大學讀書期間。西元 1829 年 3 月，還只有 18 歲的伽羅瓦發表了第一篇數學論文，幾乎同時，他將兩篇重要的論文寄給了大數學家柯西，但是石沉大海。關於這件事有很多猜測，包括有人認為伽羅瓦是激進的革命派，而柯西是保皇派，因此不准許前者的論文發表。

另外一種說法是，柯西對這個不知名的年輕人的論文根本不重視，放到了一邊。當然，還有一種截然相反且比較多人相信的說法，說柯西認知到了這兩篇文章的重要性，建議把它們合併起來參加數學學院大獎的競爭，而當時發表過的

論文是不能參賽的，因此，柯西沒有建議伽羅瓦發表它們。但不管是什麼原因，這兩篇論文都沒有發表。

伽羅瓦隨後參加了西元 1830 年法國爆發的 7 月革命，他在校報上抨擊校長，並且因政治原因兩度進了監獄，也曾企圖自殺。關於伽羅瓦之死眾說紛紜，通常的說法是死於決鬥。據說自知必死的伽羅瓦在決鬥前幾天奮筆疾書，將自己所有的數學成果都寫了下來。

伽羅瓦的朋友後來遵照他的遺願，將它們寄給數學泰斗高斯與德國著名數學家雅可比，但是也都石沉大海了。十幾年後，法國數學家劉維爾發現了伽羅瓦獨創而具有前瞻性的工作，並在西元 1846 年將它們整理、作序並發表。從此，伽羅瓦被確認為群論的開創者，這個理論的基礎部分也被稱為伽羅瓦理論。

群論是近

我要把研究成果留下。

世代數、數論和電腦科學的重要支柱之一，用它來證明三大古典數學難題無解，簡直就如同用牛刀殺雞一樣容易。此外，困擾了數學界多年的一些難題，用群論的方法也能迎刃而解。例如，為什麼 5 次和 5 次以上的方程式式沒有**解析解**，而 4 次以下的一定有解析解；再例如，什麼樣的正多邊形可以用直尺和圓規做出來，什麼樣的不能。

另外，懷爾斯在複證費馬最後定理的時候，也用到了伽羅瓦理論。

我們用群論來分析一下如何將任何一個幾何作圖題變成代數題。我們講的尺規作圖題，只能使用兩個工具，就是直尺和圓規，它只能做 5 種基本的圖形：

1. 過給定某個點的直線。

2. 給定圓心和某個點畫圓。

3. 兩不平行直線的交點。

4. 圓和直線的交點。

5. 圓和圓的交點。

我們假定一開始平面上有一些已知的點，例如，已知三角形的三個頂點。我們把它們歸到集合 E_0 中，從 E_0 出發經過上面 5 種操作能夠畫出來的點，我們稱為 E_1。以此類推，再從 E_0 和 E_1 出發，能畫出的點是 E_2……這樣從 E_0 出發，所有能夠透過尺規作圖畫出來的點就是：$C(E_0) = E_0 \cup E_1 \cup E_2 \cup \cdots\cdots$

　　所有這些能夠用直尺和圓規畫出來的圖形，構成了數學式的一個體。這個體是封閉的，也就是說，它有一條清晰的邊界，在這個邊界裡的圖形，都能夠畫出來，在這個邊界之外的，都畫不出來。那麼這個邊界是什麼呢？如果要畫一個尺寸，就是下面這個方程式的解：

$$a_n x^n + a_{n-1} x^{n-1} + \cdots + a_0 = 0$$

其中 $n = 1 \cdot 2 \cdot 4 \cdot 8 \cdot 16 \cdot \cdots\cdots$，$a_n \cdot a_{n-1} \cdot \cdots\cdots \cdot a_0$ 為有理數。

　　能解出來的都可以尺規作圖，反之則不能。例如，前面三等分任意已知角對應的方程式是：

$$\cos x = 4\cos^3 \frac{x}{3} - 3\cos \frac{x}{3}$$

它顯然不符合上面的格式，因此它的解無法用直尺和圓規畫出來，或者說我們無法用尺規完成三等分任意已知角。

　　通常，一個能困擾人類幾百年，甚至上千年的數學難題，只應用當時的數學知識是做不出來的，需要等後世的數學家發明更好的數學工具才可能迎刃而解。今天很多年輕的朋友試圖使用初等數學的工具解決那些著名的數學難題，這種努力基本上是徒勞的。更有意義的作法是未來努力學好高等數學知識，這樣，過去的難題就不再是難題了。

所有電腦的開端都是 0 和 1

布林代數

思考 若有 A 就有 B，那有 B 就一定有 A 嗎？

「真相永遠只有一個！」

如果你看過《名偵探柯南》，肯定會記得柯南的這句著名台詞。在作品中，他經常運用優秀的推理能力解決案件，而推理能力其實就是邏輯思維的一種體現。

什麼是「邏輯思維」？如果你發現天上有烏雲，

有一種雨叫太陽雨。

猜想一會兒有可能要下雨，這是邏輯思維。如果你碰到了晴天下雨，反思下雨之前不一定都有烏雲，這也是邏輯思維。

　　邏輯思維是人與其他動物最明顯的區別之一，動物的腦力不夠，基本是不可能完成邏輯推理的。人類使用邏輯推理的歷史非常久遠，我們前面講過的古希臘幾何學中就大量使用了邏輯推理。不過，最初把邏輯推理作為一門學問來研究的是大學者亞里斯多德，他專門寫了許多篇講「形式邏輯和推理過程」的論文，並放在了他的《工具論》一書中，今天我們使用的很多邏輯學名詞，都是亞里斯多德確定下來的。由於邏輯學和數學密不可分，到西元 19 世紀，數學家就開始將邏輯數學化，也就是將邏輯用數學的方法表示出來。

　　最初嘗試將邏輯數學化的人是萊布尼茲，不過萊布尼茲並沒有取得太多值得讓人稱道的成果。真正系統性地提出解決邏輯問題的數學方法的，是西元 19 世紀中葉英國數學家喬治・布爾。雖然今天我們尊稱布爾為數學家，但在他生活的那個年代，大家只知道他是個中學數學老師。

　　布爾生於西元 1815 年，他在年輕時就顯露出在數學上的天分。大學畢業後，布爾在一所中學擔任數學老師，工作之餘，他還研究數學問題。西元 1847 年，布爾出版了

《邏輯的數學分析》（The Mathematical Analysis of Logic）一書，開創了數理邏輯。

從形式邏輯到數理邏輯

邏輯就是數學，
數學就是邏輯。

什麼是數理邏輯呢？我們先從簡單的形式邏輯說起。

形式邏輯是什麼？這個定義沒那麼重要，你只需要知道對一個事件的描述被稱為一個命題。例如，我們說「企鵝生活在南極」，這就是一個命題。一個命題可以是真的，也可以是假的。

例如，上述命題就是真的，而「北極熊生活在南極」，這個命題就是假的。一個命題還可以反過來講，例如，我們可以說「企鵝不生活在南極」，這就和上述命題正好相反，這種命題我們稱為命題的否定。顯然地，如果把一個真的命題反過來，就必然是假的，而一個假的命題，反過來就是真

的。這裡要注意，真假命題是對應的，而假命題和命題的否定之間沒有必然的聯繫。

幾個命題還可以組合，形成一個複合命題。例如，我們可以把上述這兩個命題組合成「企鵝生活在南極，同時，北極熊生活在南極」，要注意「同時」這兩個字。這個複合命題是假的，因為後半句是假的，導致整個複合命題都不成立了。不過，如果我們換一種組合方式，例如，「企鵝生活在南極，或者，北極熊生活在南極」，它就是成立的。

注意到「或者」這兩個字了嗎？在這種組合中，只要兩個命題中有一個是真的，整個組合命題就是真的。可見，兩個命題的組合通常有兩種，一種是要求其中每一個命題都成立，新的組合命題才成立，這在邏輯上被稱為「且」、「與」的關係；另一種則相反，只要有一個命題成立，組合命題就成立，這在邏輯上被稱為「或」（也被稱為「或者」）的關係。

數理邏輯的運算

如果我們用 1 代表真命題，0 代表假命題，用∧表示「且」、「與」的關係，那麼根據兩個命題的真假值組合，

我們就可以得到關於「且運算」的全部四種可能的結果：

$$0 \wedge 0 = 0 \quad 0 \wedge 1 = 0 \quad 1 \wedge 0 = 0 \quad 1 \wedge 1 = 1$$

　　拿 $0 \wedge 1 = 0$ 舉例子，第一個 0 代表「北極熊生活在南極」，1 代表「企鵝生活在南極」，那麼 $0 \wedge 1$ 就表示「北極熊生活在南極，同時，企鵝生活在南極」。顯而易見，最終的複合命題是假命題，也就是算式中 $0 \wedge 1 = 0$ 的意思。

　　「或運算」我們用「$\vee$」表示，也可以列出全部四種可能的結果：

$$0 \vee 0 = 0 \quad 0 \vee 1 = 1 \quad 1 \vee 0 = 1 \quad 1 \vee 1 = 1$$

　　拿 $0 \vee 1 = 1$ 舉例子，$0 \vee 1$ 就表示「北極熊生活在南極，或者，企鵝生活在南極」，顯而易見，這個複合命題是真命題，也就是算式中 $0 \vee 1 = 1$ 的意思。

且運算、或運算和**非運算**的組合，可以構造出很多種邏輯運算，我們通常能夠想到的邏輯關係都可以用這三種運算表示。例如，我們經常遇到這樣一種邏輯，「有他沒我，有我沒他」，或者「小王要去，我就不去，小王不去，我就去」。這種邏輯關係被稱為異或。我們也可以列出「異或」或者「互斥或」的四種可能結果：

$$0 \oplus 0 = 0 \quad 0 \oplus 1 = 1 \quad 1 \oplus 0 = 1 \quad 1 \oplus 1 = 0$$

　　其中 $\oplus$ 表示異或邏輯。

　　拿 $0 \oplus 1 = 1$ 舉例子，$0 \oplus 1$ 就表示「要嘛北極熊生活在南極，要嘛企鵝生活在南極」，顯而易見，這個複合命題是真命題，也就是算式中 $0 \oplus 1 = 1$ 的意思。

　　大家可能會問，這種邏輯運算有什麼用？其實最初布林

自己也不知道，他只是覺得把邏輯關係用這種真和假的運算
表示出來很有意思。

數理邏輯的應用

半個世紀後，西元 1936 年，一位 20 歲的美國青年克勞
德‧夏農從密西根大學畢業後來到了麻省理工學院，跟隨著
名的科學家萬尼瓦爾‧布希做碩士研究的課題。布希設計了
當時世界上最複雜的微分分析儀。那是一台機械類比電腦，
透過使用一堆機械的輪盤進行微積分的計算，從而求解微分
方程式。在電子電腦還沒有出現的年代，它在當時是最複雜、

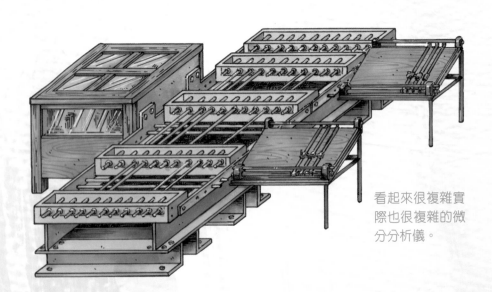

看起來很複雜實
際也很複雜的微
分分析儀。

最精密的實用計算設備。不過，這種類比電腦依賴於機械的精準度，因此難以完成精準度很高的計算。於是布希就安排夏農改進微分分析儀。

夏農並沒有深入研究機械，而是在考慮用數位化的方法實現計算。他在大學裡學過布林代數，有趣的是，他學習這一內容並不是在數學課上學的，而是哲學課的一部分。夏農很快發現，所有複雜的計算其實就是布林代數中那幾種簡單邏輯的組合而已，而那些基於 0 和 1 的邏輯，可以透過繼電器的連通和斷開來實現。因此，只要用繼電器實現了布林代數中的與、或和非這三種簡單的邏輯，就能透過對各種電路進行控制，完成各種複雜的運算。

例如，我們要進行二進位數字的加法運算 A ＋ B，A 和 B 可以是 0，也可以是 1，我們知道：

為了便於觀察，我們把不足兩位的運算結果前面都加上了一個 0，也就是 0 變成了 00，1 變成了 01。這裡我們用的都是二進位，10 就代表二進位中的 2。從這些結果可以看出，A 與 B 之和的「個位」，就是 A 和 B 的「異或」邏輯運算結果 A $\oplus$ B；「十位」上，只有當 A 和 B 都是 1 時才是 1，其他時候都是 0，可見「十位」數就是 A 和 B 的「且」邏輯運算結果 A $\wedge$ B。因此，只要我們用繼電器開關實現簡單的「且」邏輯和「異或」邏輯，就能完成二進位相加。如果我們要實現多位數的二進位相加，只要多搭建一些基本的與、或、非邏輯運算電路就可以了。當然，對於十進位的加法，我們需要先將十進位的數轉換成二進位。

一篇論文
開創了一個時代。

夏農的這個辦法，把所有的運算都變成了簡單的布林代數的邏輯運算。

西元 1937 年秋天，21 歲的夏農被導師布希請到首都華盛頓特區去做碩士論文的答辯，這其

實非常罕見，因為在美國碩士論文並不太重要。不過，夏農的這篇論文很重要，它被譽為西元 20 世紀可能最重要的碩士論文，因為它開創了一個新時代——數位化的時代。

　　夏農後來在麻省理工學院讀完了博士，隨後成為貝爾實驗室的一位科學家。在研究密碼的過程中，夏農提出了資訊理論——這是西元 20 世紀誕生的一門新學科，也是今天通信的基礎。在資訊理論中，夏農指出，世界上所有的資訊都可以用 0 和 1 這兩個最簡單的數字表示出來。

越平常的東西
反而越難以被準確定義

羅素悖論問題

思考 什麼情況下兩個集合相等？

近代以來，有四個新的數學分支非常重要，它們分別是數理邏輯、集合論、圖論和近世代數。其中數理邏輯是建立在古老的形式邏輯學和布林代數基礎之上的。不只是數理邏輯，其他數學也離不開邏輯學。那麼邏輯學的正確性又是如何保證的呢？它其實和集合之間的相互隸屬關係有關。我們先重溫一下邏輯推理工具三段論：

所有的人都是哺乳動物，

所有的哺乳動物都是生物，

因此，所有的人都是生物。

它的正確性就可以用集合之間的關係來論證。

所有的人、所有的哺乳動物和所有的生物，構成三個具

邏輯推理工具三段論：
　所有的人都是哺乳動物，
　所有的哺乳動物都是生物，
　因此，所有的人都是生物。

有包含關係的集合，人的集合在哺乳動物的集合中，哺乳動
物的集合在生物的集合中，可以看出，所有人的集合被包含
在生物的集合當中了，因此我們可以很放心地得到一個結論：
所有人的都是生物。

難以定義的集合

　　實際上，集合是說明我們理解邏輯關係的最好的工具。那麼，什麼是集合呢？這個問題如果不搞清楚，關於集合的整套理論就建立不起來，後面的很多邏輯關係也解釋不了。如果邏輯關係的正確性無法確立，數學的基礎就不存在了。

　　但非常遺憾的是，人們發現集合這個基本概念非常難定義。它是少有的幾個大家都能理解卻不容易講清楚的概念。在長達幾千年的時間裡，人們使用過各種各樣關於集合的概念，例如，我們說整數的集合，它包含了所有的整數；汽車的集合，它包含家庭轎車、賽車、卡車、越野車等。但是，如果真要給集合下一個定義，人們就覺得難了。

　　到了近代，集合的概念在數學中被用得越來越多，因此數學家不得不考慮給集合下一個定義。當時數學家普遍認可的定義就是「具有某種特定性質的元素匯總而成的整體」，例如：「所有整數的集合」、「○○國小五年級三班的男生」等。集合中的這些物件，例如：某個整數、某個男生，則被稱為元素。

　　這樣的描述大家都容易懂，通常也不會引起什麼誤解，

因此在很長的時間裡，數學家就這麼用了。不過，這種定義並不夠嚴格。基於這種不嚴格的定義，西元 19 世紀著名的數學家康托爾發展出「樸素集合論」。在樸素集合論中，康托爾定義了關於集合的各種基本操作。例如，在什麼情況下兩個集合是相等的；將兩個集合合併之後新的集合應該是什麼樣的；在什麼條件下，我們可以說一個集合包含另一個集合；等等。今天大家在中學裡學習的集合知識，其實都是這種樸素的集合論。需要指出的是，一個集合可以成為另一個

集合裡的元素，例如，我們學校有班級的集合，它包含所有的班級，而每一個班級又是一個集合，包含這個班裡所有的人。

　　不過，樸素的集合論有一個大問題，就是會產生很多悖論，其中最有名的就是「羅素悖論」。

羅素與第三次數學危機

　　羅素是西元 20 世紀初英國著名的哲學家和邏輯學家，曾經擔任過劍橋大學三一學院的哲學教授，他致力於研究語言、邏輯、

哲學和數學的關係。羅素一直認為，數學可以和邏輯等價，哲學也可以像邏輯一樣進行形式化的描述。不過，這兩種努力後來都被證明是難以實現的。羅素一生寫了許多著作，包括著名的《西方哲學史》，這本書是讓他獲得諾貝爾文學獎

的書籍之一。到了晚年，羅素很少從事學術研究，而是把精力放在人類和平事業上，他和愛因斯坦一同發表了著名的《羅素 - 愛因斯坦宣言》，呼籲全世界採用和平的方式解決爭端，不要使用核武器。

在羅素的所有貢獻中，最有名的是他提出的一個悖論，也被稱為羅素悖論。這個悖論顛覆了整個「樸素集合論」的基礎，造成了人類歷史上第三次數學危機。在介紹羅素悖論之前，我們先介紹一下更容易理解的「理髮師悖論」。

從前，一座小城裡有位理髮師，他聲稱只為城裡所有「不為自己理髮的人」理髮。接下來就產生了一個問題：這個理髮師能為自己理髮嗎？

自作自受！

如果他為自己理髮，那麼根據他的承諾，只為「不為自己理髮的人」理髮，他就違規了，因此他不能為自己理髮。但是，如果他不為自己理髮，他本人又符合了被理髮的條件。這樣，無論他給自己理髮與否，都違背了他的聲明。這就是一個悖論。

　　理髮師悖論其實就是羅素悖論的一個案例。據說羅素的朋友，德國的邏輯學大師戈特洛布・弗雷格給羅素寫過一封

信，說要構造一個集合，這個集合由所有不包含自身的集合構成。羅素收到信後思考良久，發現這是一個悖論。為什麼說它是一個悖論呢？

我們假設存在一個集合 A，A 由所有不包含自身的集合構成，如果 A 不包含它自身，那它符合條件，它本身就應該是集合 A 的一個元素。但是，這樣一來，集合 A 就包含了自身。如果 A 包含它自身，那它自身就是集合 A 的一個元素，但它顯然和 A「由所有不包含自身的集合構成」這一定義相違背。怎樣說都是自相矛盾的。

這個故事的真實性今天已無法確定，因為羅素和弗雷格經常透過書信進行學術交流，羅素用這個悖論指出了弗雷格著作中的一個錯誤，並不能說明弗雷格一開始真的試圖構造這樣一個不可能存在的集合。

羅素悖論顯然是人為構造出來的，在現實中可能不存在，但是它為什麼又會導致數學危機呢？

我們前面講了，數學是建立在公理基礎之上的。在西元 1820 世紀初，數學家在一同努力，將歷史上的各個數學分支，例如：代數、幾何、微積分等進行嚴格的公理化重構，同時將邏輯數學化也變成一種公理系統。西元 1870 年代康

托爾創立的樸素集合論是這些公理化的數學分支的基礎。如果集合的定義本身會導致悖論出現，整個數學的基礎就可能動搖了。因此，羅素悖論令數學家們感到了危機。

當時，弗雷格是這樣表達他看到羅素悖論後的心情的，他在一本出版的書籍附錄寫道：「一位科學家不會碰到比這更不幸的事情了，就是在工作完成之時，它的基礎垮掉了。當本書即將印出的時候，羅素先生的一封信把我置於這種境地。」

樸素集合論，除了會遇到羅素悖論，還會遇到其他一些悖論，在這裡我們就不介紹了。總之，樸素集合論很不嚴格。

危機得以解決

不過，危機中常常也是機會，危機的出現說明人類的認識有缺陷，需要重新認識一些問題。

西元 1908 年，德國數學家恩斯特·策梅洛提出一個公理化的集合論，隨後在西元 1922-1925 年另一名德國數學家弗倫克爾對策梅洛的集合論進行了改進，提出了著名的 ZF 公理化集合論（如果含選擇公理時常簡寫為 ZFC）。這個建

立在公理之上的集合論，嚴格規定了一個集合存在的條件，將羅素悖論中所說的那種集合排除在外了。簡單地講，在 ZF 公理化集合論中，任何一個集合的邊界都是非常清晰的，一個元素要不是屬於某個集合，不然就不屬於，不會出現悖論。與此同時，馮·諾伊曼、博內斯和哥德爾也用另一種方式嚴格定義了公理化的集合論。後來證明，這兩組人做出的定義是等價的。至此，羅素悖論所導致的第三次數學危機算是度過了。

很多結論仍然
無法以數學來做判定

哥德爾不完全性定理

思考 世界上存在一套可以解釋所有問題的理論嗎？

希爾伯特的宏偉計畫

西元 1920 年，德國著名數學家希爾伯特
提出一個宏偉的數學計畫。這項計畫的
目標是將數學全部納入一個基礎非常
堅實的公理系統中。簡單來說，
就是用一套系統解決世界上所有
數學問題，一勞永逸。這個公
理系統要具有這樣幾個特性：

①完備性。

所有正確的（結果為真的）

十全十美！

命題都能夠被證明出來。例如，任何一道結論正確的幾何證明題，都應該有辦法能證明出來。

② **一致性。**

運用同一套邏輯，不可能推導出自相矛盾的結果。例如，在幾何學中，如果我們把第五公設拿掉，那麼過直線外的一個點，既可以做該直線的一條平行線，也可

以做出兩條以上，還可能一條都做不出來，這就自相矛盾了。因此，第五公設對於幾何學是必不可少的。

③ **確定性（也叫作可判定性）。**

對於一個數學命題，我們應該能夠在有限的步驟內判斷它到底是對還是不對。在數學上，並不是所有的結論都是對的，但是我們希望有辦法判斷它們的對錯。例如，我們很容易判斷「$\sqrt{2}$ 是有理數」是錯的。但是，有些結論的對與錯，我們很難判斷清楚，例如，著名的哥德巴赫猜想，我們並不知道這個命題正確與否。雖然我們驗證了很多數字，都符合這個猜想，但是依然無法判斷其真偽。

敗興而歸！

當時，不少著名的數學家，包括馮‧諾伊曼、哥德爾等人，都參與了希爾伯特的這個宏偉計畫。然而，就在希爾伯特退休後一年，即西元1931年，原本試圖構建這種完美公理系統的哥德爾卻提出了兩個定理，證明了稍微複雜一點的公理系統就不可能做到既完備又一致。這就等於直接宣判了希爾伯特計畫的死刑。

哥德爾的判決

哥德爾是從一個很簡單的公理系統出發並發現問題的，這個公理系統被稱為皮亞諾算術公理系統。

皮亞諾是西元19世紀後期到西元20世紀初期的義大利數學家，他透過五條公理，構建出自然數和算術的公理系統。在此基礎上，初等代數的全

部知識都可以被納入這個公理系統。

皮亞諾的公理系統是這樣構建的。

 公理一　1 是自然數。

 公理二　每一個確定的自然數 n，都有一個確定的後繼自然數 n'。例如，1 後繼的自然數是 2，2 後繼的自然數是 3 等等。

 公理三　如果兩個自然數 a 和 b 都是自然數 n 的後繼數，那麼 a ＝ b。

 公理四　1 不是任何自然數的後繼數，也就是說，1 前面沒有自然數了。

公理五　任意和自然數有關的命題（也就是結論），如果證明了它對自然數 1 是對的，又假定它對自然數 n 為真時，可以證明對它的後繼數 n'（即 n ＋ 1）也是真的，那麼，命題對所有自然數都真。

皮亞諾的前四條公理都好理解，簡單地講，它說明了自然數是如何一個個地構造出來的，什麼叫作兩個數相等。難理解的是第五條公理，下面我們就來講講它。

例如，我們關於等差級數求和的公式：

$$S_k = 1 + 2 + 3 + \cdots\cdots + k = \frac{k(k + 1)}{2}$$

我們怎麼來證明它的正確性呢？根據皮亞諾的第五條公理，我們先驗證 $n = 1$ 的情況，發現公式是正確的。然後我們再假設 $k = n$ 的情況成立，之後再看看 $n + 1$ 的情況是否成立。

我們將 1、n、$n + 1$ 依次代入，顯而易見，上述公式都是正確的。

由於這條公理保證了數學歸納法的正確性，故也被稱為「歸納公理」。

有了皮亞諾的這五條公理，我們就能構建出所有的自然數。在此基礎上，我們引入加法和乘法，就可以構建出所有有理數以及初等數學的各種運算。

對於這樣一個簡單的公理系統，我們的直覺是它應該是

完備的，因為似乎所有在初等數學中正確的結論都可以被證明出來，如果你證明不出來，那是你本事不夠，不是這個系統有問題。同時，它也是一致的，因為一道初等數學題，不會得到兩個結論是自相矛盾的答案。

但是，哥德爾舉出一些反例，說明存在這樣一些結論，我們明明知道它們是正確的，但這個公理系統卻無法證明出來。也就是說，我們很熟悉的自然數公理系統其實不完備。那麼能否透過對它的改造讓它完備起來呢？這件事並不是做不到。如果我們把自然數公理系統修改了，讓它變得完備了，就會產生不一致的結果，也就是說，可能從同一個前提出發，會推導出兩個自相矛盾的結論。

上面這種無法讓一個公理系統同時滿足完備性和一致性的結果，被稱為哥德爾不完全性定理。這個定理其實有兩個，具體的內容我們就省略了，但它們的結論卻很重要，就是宣告了希爾伯特試圖建立一個完美數學系統夢想的破滅。當然，有個別的公理系統能夠同時滿足完備性和一致性，例如：歐幾里得的幾何學。

皮亞諾

我宣布,
這根本不行。

數學不是萬能的

在哥德爾之後,數學家們又證明了在數學上確定性通常也不能滿足,也就是說,對於很多結論,我們其實無法用數學的辦法來判定其真偽。

哥德爾不完全性定理的影響遠遠超出了數學的範圍,它不僅使數學和邏輯學發生了革命性的變化,而且還在哲學、語言學、電腦科學和自然科學等領域引發了人們重新的思考。例如,在電腦科學領域,圖靈在隨後不久就指出:可以計算的問題只是數學問題中的一小部分。也就是說,很多有答案的問題,我們人類是能找到答案的,但是電腦卻不可以。

哥德爾的結論讓人感到沮喪,卻告訴人們數學不是萬能的,而且在任何一個知識領域建立大一統的理論也是不可能的。西元 2002 年 8 月 17 日,著名理論物理學家與宇宙學家

好像存在邊界。

霍金在北京舉行的國際弦理論會議上發表了題為《哥德爾與
M 理論》的報告。霍金指出，建立一個單一的
描述宇宙的大一統理論是不太可能的，這一推
測也是基於哥德爾不完全性定理。
今天雖然有些科學家依然熱衷於
各種大一統的理論，但可能都會像
霍金指出的那樣，不具有可能性。

也許我們無法實現大一統！

先確定能不能做，
再決定要不要做！
希爾伯特第十問題

思考 世界上所有問題都是有答案的嗎？

　　西元 1900 年，在巴黎召開的第二屆國際數學家大會上，著名數學家希爾伯特提出了 23 個著名的數學問題。這些問題當時還無解，涵蓋了數學基礎、數論、代數、幾何和微積分等領域。在全世界數學家的共同努力下，這些數學問題大部分已經全部被解決或者部分被解決。每一個希爾伯特問題不僅是一道很難的數學題，也反映出人類對於數學邊界的認知。我們不妨看一道看似簡單的問題，就能體會到數學的邊界在哪裡了。

看似簡單的第十問題

任意一個（多項式）不定方程式，能否透過有限步的運算，判定它是否存在整數解。

所謂不定方程式（也被稱為「丟番圖方程式」），就是指有兩個或更多未知數的方程式，它們的解可能有無窮多個。為了對這個問題有更多認識，我們不妨看三個特例。

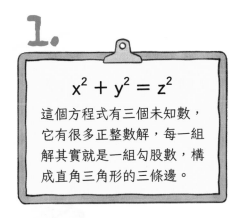

1.

$$x^2 + y^2 = z^2$$

這個方程式有三個未知數，它有很多正整數解，每一組解其實就是一組勾股數，構成直角三角形的三條邊。

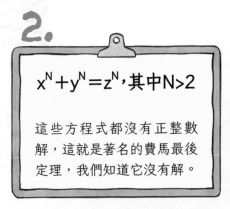

2.

$$x^N + y^N = z^N，其中 N > 2$$

這些方程式都沒有正整數解，這就是著名的費馬最後定理，我們知道它沒有解。

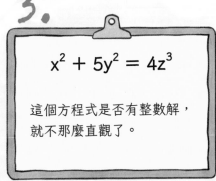

3.

$$x^2 + 5y^2 = 4z^3$$

這個方程式是否有整數解，就不那麼直觀了。

希爾伯特第十問題為什麼重要，或者說它有什麼意義呢？

在我們花工夫解題之前，需要知道這個問題是否有解，如果沒有解，我們就白白浪費了時間。在希爾伯特的時代，人們已經知道很多數學問題是無解的。例如：$\frac{1}{\ln x}$ 的積分就是算不出來的。因此，希爾伯特關心的是，對於一個數學問題，我們是否有辦法知道它有解還是無解。如果能夠判定它們無解，那也算得到了一個結論，至少就不用為它們浪費時間了。

不定方程式的問題看起來並不難，希爾伯特覺得可以研究一下，也就是隨便給出一個不定方程式，能否在有限的步驟內判定它是否有解。如果做不到，就說明數學本身是不可判定的，那麼他試圖構建的可判定的數學系統就不可能存

這就是數學的重量嗎？

在。這就如同我想測試自己能不能挑起 200 公斤的擔子，不妨先找一個 100 公斤的擔子試一試，如果連 100 公斤的都挑不起來，說明肯定也挑不起 200 公斤的擔子。希爾伯特的第十問題就相當於這個 100 公斤的擔子。

對圖靈的啟發

希爾伯特的這些問題，特別是第十問題，給了包括圖靈在內的電腦科學家們一個提示：如果用機器一步一步地解決計算問題，遇到那些無法在有限步驟內判斷它們是否有解的問題，電腦是一定解決不了的，不用管那台電腦多麼快、多麼智慧。西元 1930 年代，圖靈還是一個博士生時，就在思考有關計算的理論。他受到了兩個人的啟發，一個是馮・諾伊曼，另一個則是希爾伯特。圖靈讀了馮・諾伊曼的書，體會到可能和量子力學的不確定性有關，但是計算可能是一種機械運動。從希爾伯特那裡，圖靈體會到計算是有邊界的，並非所有的數學問題都能夠計算，或透過一步步推理來解決。如果我們把圖靈最初的思路進行還原，就可以得到下頁這樣一張圖。

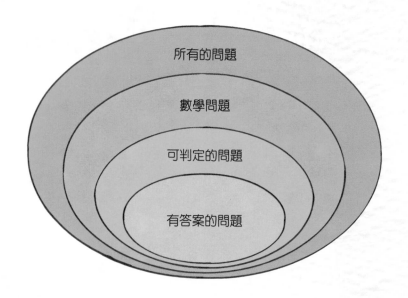

在這個圖中我們可以看到，世界上只有一部分問題可以最終被轉化為數學問題。我們畫了所有問題集合的一部分，只是為了說明，相對數學問題而言，所有問題的數量實在多太多了。

而在數學問題中，可能只有一小部分問題可以判定有無答案，也就是希爾伯特所說的可判定的問題。希爾伯特希望所有的數學問題都可以判定，但是他不確定這個結論是否成立。如果他所提出的第十問題的結論是否定的，就說明肯定存在不可判定的數學問題。

接下來，對可判定問題的判定結果有兩個：答案存在，或者不存在。只有答案存在時我們才有可能找到答案。因此，

存在答案的數學問題，只是可判定問題中的一部分。

圖靈並沒有解決第十問題，只是隱約覺得大部分數學問題可能都沒有答案，因此他只把關注點聚焦在那些有答案的問題上。西元 1936 年，圖靈提出了一種抽象的電腦的數學模型，這就是後來人們常說的「**圖靈機**」。從理論上講，圖靈機這種數學模型可以解決很多數學問題，任何可以透過有限步邏輯和數學運算解決的問題，都可以在圖靈機上解決。今天的各種電腦，哪怕再複雜，也不過是圖靈機這種模型的一種具體實現方式。不僅如此，今天那些還沒有實現的假想電腦，例如，基於量子計算的電腦，在邏輯上也沒有超出圖靈機的範疇。因此，在電腦科學領域，人們就把能夠用圖靈機計算的問題稱為可計算的問題。

可計算的問題顯然只是有答案問題的一部分，而在理論上，可計算的問題今天還未必能夠實現。因為一個問題只要

> *note*
>
> 圖靈機是一個抽象的計算模型，並不是真實的某個機器。英國數學家圖靈於西元 1936 年提出這一概念，將人們使用紙筆進行數學運算的過程進行抽象，由一個虛擬的機器替代人類進行數學運算。

能夠用圖靈機在有限步內解決，就被認為是可計算的，但是這個有限步可以非常多，計算時間可以特別長，長到宇宙滅亡還沒有算完都沒有關係，也就是說以我們現在的電腦水準還無法計算完，但未來或許可以，那麼它依然是個有答案的問題，屬於圖靈說的可以計算的問題。此外，理想中的圖靈機沒有存儲容量的限制，這在現實中也是不可能的。

　　在所有能實際解決的問題當中，只有一小部分問題屬於「人工智慧」的問題。因此，今天人工智慧可以解決的問題，依然只是有答案的問題中很小的一部分。從有答案的問題，到人工智慧可以解決的問題，我們用彼此包含的集合把它們表示出來，就是下面這張圖。

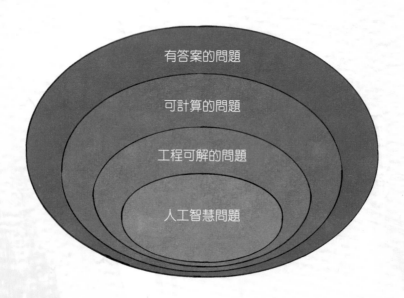

現在我們唯一不確定的，就是可判定問題的集合和數學問題的集合是否相同。在二戰前，關心這個問題的數學家不多；在二戰後，由於電腦科學發展的需要，很多歐美數學家都致力於解決第十問題，並取得了一些進展。在西元 1960年代，被公認為最有可能解決這個問題的是美國數學家朱麗亞·羅賓遜。羅賓遜教授可能是西元 20 世紀最著名的女數學家，後來擔任過國際數學家大會的主席。雖然她在這個問題上取得了不少成就，但是最後的幾步始終跨越不過去。

人類認知上的衝擊

在數學領域，常常是英雄出少年。西元 1970 年，蘇聯天才數學家馬季亞謝維奇在大學畢業的第二年，就解決了第十問題。因而，今天對這個問題結論的陳述，也被稱為「馬季亞謝維奇定理」。馬季亞謝維奇嚴格地證明了，除了極少數特例，在一般情況下，無法透過有限步的運算判定一個不定方程式是否存在整數解。

第十問題的解決，對人類認知上的衝擊，遠比它在數學上的影響還要大，因為它向世人宣告：很多問題人類無從得

知是否有解。如果連是否有解都不知道，就更不可能透過計算來解決它們了。更重要的是，這種無法判定是否有解的問題，要遠比有答案的問題多得多。基於這個事實，我們把上面兩張圖聯繫起來看，就能體會到，人工智慧所能解決的問題真的只是所有問題的很小一部分。

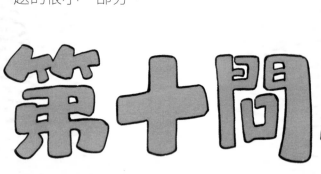

第十問題

很多人可能會覺得，希爾伯特第十問題得到了否定的答案是一件令人遺憾的事情，因為它限制了電腦能夠解決的問題的範圍。但是它也讓我們清楚地知道了電腦能力的理論邊界，讓我們可以集中精力在邊界內解決問題，而不是把精力耗費在尋找邊界之外可能並不存在的答案上。

對人工智慧領域而言，如今尚未解決的問題還非常多，

無論是使用者還是從業者，都應該設法解決各種人工智慧問題，而不是杞人憂天，擔心人工智慧這一工具太強大了。

　　對非電腦行業的人來說，世界上還有很多需要由人來解決的問題，我們更應該關注如何利用好人工智慧工具，更有效地解決屬於人的問題。

不完善的理論
卻可能改變生活！

黎曼猜想問題

思考 你相信所有自然數之和等於 -1/12 嗎？

艾蒂亞爵士的烏龍

西元 2018 年的數學界鬧出了一個大烏龍新聞。英國著名數學家、菲爾茲獎得主麥克·艾蒂亞爵士宣布自己證明了著名的黎曼猜想。消息一傳出就引起了大家的激動和好奇心，當然也有少數人懷疑。這時正值國際數學家大會召開期

間，大會就安排這位數學家做報告。聽了他的報告，大家才發現，他離證實這個猜想還差得遠呢，他只是說出了一些很多人已經知道的結論而已。整個 40 分鐘的報告裡面，涉及黎曼猜想證明的只有 3 分鐘的內容，區區一頁 PPT。

報告結束後，雖然大家給了他掌聲，但是數學家雲集的會場裡隨即陷入一片沉默，沒有人提問題。隨後艾蒂亞再次請大家提問，還是沒有人開口，最後，一位從事人工智慧行業的印度年輕人問了一個很傻但是十分尖銳的問題：「黎曼猜想算是被成功證明了嗎？」

其實在座的數學家對此都很清楚，只是礙於老先生的威望和年紀不好直說罷了。但無知者無畏，印度年輕人扮演了

《皇帝的新衣》中那個說出真相的小男孩。

艾蒂亞爵士沒有正面回答，只是說：「難道不是嗎？」

為什麼「黎曼猜想」的證明會引起大家的興趣，讓很多並不懂數學的人也關心此事呢？黎曼猜想的重要性在於它和尋找大質數（素數）有關，而尋找大質數和加密有關，這關乎我們今天的資訊安全。

歐拉的魔術

黎曼猜想自然是黎曼提出的。黎曼是西元 19 世紀德國著名的數學家，我們在前面講過，他奠定了非歐幾何分支——黎曼幾何的基礎，愛因斯坦的廣義相對論就是建立在黎曼幾何基礎之上的，不過黎曼更大的貢獻是在微積分方面，特別是在對積分的公理化方面。

黎曼猜想源自他在當選柏林科學院通信院士時，為表謝意寫的一篇論文。在論文中黎曼提到了一個研究成果，也就是他發現的一個規律，但當時他並沒有證明，所以這個發現不能叫作「定理」，只能叫作「猜想」。在黎曼之後，很多數學家都在試圖證明這個猜想。

這也讓它和「哥德巴赫猜想」，以及西元 21 世紀被證明的「龐加萊猜想」，並稱為數學界知名度較高的三個猜想。黎曼猜想是希爾伯特 23 個問題中的第 8 個，也是 7 個千禧年問題之一。誰能證明這個猜想，誰就可以獲得 100 萬美元的獎金。

　　要講黎曼猜想，先要說說調和級數和歐拉的魔術。所謂調和級數就是：

$$Z = 1 + \frac{1}{2} + \frac{1}{3} + \cdots + \frac{1}{N} \cdots$$

　　如果無限地加下去，Z 到底會等於什麼呢？這是一個非常古老的問題，直到西元 14 世紀時，人們還不知道它的答案，到底是無窮大還是一個確定的值？後來大家發現，$1 + \frac{1}{2} + \frac{1}{3} + \cdots + \frac{1}{N} \cdots$，lnN，因此，如果 Z 不斷地加下去，結果就是無窮大。

　　後來，歐拉把調和級數的問題稍做改變，改成正整數的倒數平方和，Z(2) 代表級數各項取平方，變成：

$$Z(2) = 1 + \frac{1}{2^2} + \frac{1}{3^2} + \cdots + \frac{1}{N^2} \cdots$$

歐拉告訴大家，Z(2) 是一個有限的數值，它等於 $\frac{\pi^2}{6}$。

接下來，歐拉把上面這個級數又推廣了一下，(s) 代表級數各項取 s 次方，把它變成：

$$Z(S) = 1 + \frac{1}{2^s} + \frac{1}{3^s} + \cdots + \frac{1}{N^s} + \cdots$$

即整數倒數的 s 次方之和，這裡的 s 可以是任何數，這個級數在數學上被稱為 Zeta 函數，Zeta 是希臘字母「ζ」的英文讀音。那麼，這個級數之和是否有限呢？歐拉發現只要 s 大於 1，它就是收斂的，存在有限的答案；如果 s 小於 1，級數和就是發散的，結果是無窮大。

通常我們想到這一步就停止了，但是作為大數學家的歐拉是很有想像力的。他想，如果 s 進一步縮小，變成了負數，這個級數會是什麼樣的？這在現實世界中是一個很無趣的問題，因為它加來加去結果無非是無窮大。例如，s = -1，這個級數就是 1 ＋ 2 ＋ 3 ＋…即正整數之和。我們可以更規範地把它寫成：

$$Z(-1) = 1 + 2 + 3 + 4 + \cdots$$

顯然，在現實世界中 1＋2＋3＋⋯這種問題沒有什麼意義。但是歐拉做了一個大膽的假設，依然使用收斂級數求和的方法來計算它，於是得到了一個荒唐的結論：

$$Z(-1) = 1 + 2 + 3 + 4 + \cdots = -\frac{1}{12}$$

這樣，歐拉就如同變魔術一樣，把無數個正整數的和算成了負數。

至於這個結論是如何產生的，大家不用太關心，總之是按照看似合理的一步步演算得到的結果。你可能聽有些賣弄學問的人說過，「所有自然數之和等於 $-\frac{1}{12}$」，就是從這裡來的。

造成這種荒唐結論一定有原因，或者說，歐拉的演算一定有疏漏之處。實際上，歐拉的問題在於，他用了對收斂級數求和的方法計算不收斂的級數。以此類推，歐拉還用同樣錯誤的方法得到了另一個荒唐的結論，即所有正整數的平方

和等於 0：

$$Z(-2) = 1^2 + 2^2 + 3^2 + \cdots$$
$$= 1 + 4 + 9 + 16 + \cdots = 0$$

為什麼歐拉能夠得出這樣看似荒唐的結論？我們暫且不追究它的細節，它和前面一樣，只要假設級數發散時可以用級數收斂時的計算方法，就會得到這樣的結果。也就是說，一旦設定了前提，無論透過什麼邏輯得到什麼結果，在數學上都是行得通的。這是數學和自然科學本質的差別。

再接下來，歐拉又進一步把 Zeta 函數 Z 的定義域從實數擴大到複數，也就是說，s 不僅能夠等於 -1、-2 等，還能等於虛數 i、$\frac{1}{2} + 2i$ 這樣的複數。然後人們就提出一個問題：Zeta 函數 Z(s) 在什麼條件下等於 0？這個問題等同於在問，方程式 Z(s) ＝ 0 的解是什麼。這個方程式也被稱為黎曼方程式。人們很容易發現，s 是負偶數時，例如：-2、-4、-6 等，Zeta 函數的值恰巧是 0。此外，對於一些複數，也可以讓 Z(s) ＝ 0。數學家就把黎曼方程式的負偶數解稱為「平凡解」，把它的複數解稱為「非平凡解」。

黎曼在前面提到的論文中所發現的規律就是 Z(s) ＝ 0 這

個方程式的非平凡解不僅存在，而且都集中在複數平面的一條直線上，但是他沒有證明，因此這個結論就成了一個猜想。

黎曼猜想仍未解決

後來，人們根據黎曼的提示，找到了很多非平凡解，它們都具有 $\frac{1}{2} + yi$ 這樣的形式，其中 i 是 -1 的平方根，y 是某個特定的實數。由於 Zeta 函數方程式的解和質數的分布高度相關，因此在隨後的 100 多年裡，有很多數學家研究這個問題，並且發現了 15 億個這樣的非平凡解，而且最大的一個解，數值本身已經算巨大了。

實際上，今天只要願意讓電腦無休止地算下去，可以不斷得到新的非平凡解，而且這些解都符合黎曼的假設。也就是說，在我們能夠搜索到的非常大的空間裡，到目前為止能夠找到的所有的解，都符合黎曼猜想，沒有例外。

接下來就有一個疑問，既然我們從來沒有找到不符合黎曼假設的情況，而且測試了很大的範圍，我們是否可認為，在現實世界中，黎曼猜想就是成立的，因此不再需要考慮它在數學上的正確性了呢？

這個問題其實沒有絕對正確的答案。一方面,在工程上和應用科學上,我們有時確實在使用還沒有證實的猜想。例如,我們今天相信各種加密系統是安全的,那只是從工程的角度講;從科學的角度講,目前使用的各種加密方法都是能破解的,那只是時間的問題而已。

　　另外,和黎曼猜想同樣有名的還有一個叫作「楊 - 米爾斯理論」,它和黎曼猜想一樣,都是 7 個千禧年問題之一。這裡的楊就是指中國著名物理學家楊振寧先生,米爾斯是他的學生。這是一個現代物理學上的理論,雖然已經在現有的

各種實驗中得到了證實，一些物理學家還因此獲得了諾貝爾獎，但是，迄今為止還沒有人在數學上嚴格證明它。也就是說，雖然它在人類所知的範圍內沒有被證明是錯的，但這和在數學上被證明是兩回事。

　　黎曼猜想至今尚未被解決，很可能是因為我們目前掌握的數學工具還不夠強大，但是我們相信以人類的智慧，最終可以解決它。但反過來想一想，如果黎曼猜想被證明是錯的該怎麼辦？我們不得不尋找其他的加密方法了嗎？

大器晚成的數學怪人

孿生質數問題

思考 你會為探索一個真理堅持多久呢？

今天數學的很多應用，例如：加密，都和尋找大質數有關。所謂「質數」，就是指那些只能被 1 和自身整除的整數，例如：2、3、5、7 等。像 4、6、9、10 等整數就不是質數，因為它們還能夠被 1 和自身之外其他的整數整除，例如，4 可以被 2 整除，這樣的整數被稱為合數。當然，1 是例外，它既不是質數，也不是合數。

要尋找比較大的質數，就要瞭解它們的分布。我們前面講到的黎曼猜想就和質數的分布有關，而另一個和質數分布有關的著名猜想就是「孿生質數猜想」，這是希爾伯特 23 個問題中第 8 個問題的一部分。第 8 個問題是關於質數分布的，包括黎曼猜想、孿生質數猜想和我們後面要講的哥德巴赫猜想。

我們註定越離越遠嗎？

什麼是孿生質數？

所謂孿生質數，就是指「3、5」「5、7」「11、13」這種前後只差 2 的質數組。當然，隨著數字的增加，尋找孿生質數就不那麼容易了。更讓大家不解的是，當數字增加到接近無窮大時，還能找到孿生質數嗎？不少數學家認為，隨著數字的增大，質數之間的距離會趨近無窮大，也就是說不再存在孿生質數了。當然，還有很多數學家認為，即使數字不斷增大，也總會找到兩個相距比較近的質數，它們的差異在

有限的距離內。這個猜想被稱為孿生質數猜想。

這個猜想其實有兩個版本：一個是弱版本，只要求兩個質數的距離是有限的；另一個是強版本，即要求兩個質數的距離正好是 2。相比之下，弱版本的應用價值更大，當然，強版本如果得到解決就更完美了。這個問題最難的是邁出第一步，即證明弱版本，為孿生質數找到一個距離的上限，然後就可以不斷努力縮小這個上限，直到縮小到 2，進而證明它的強版本。

今天，這個問題的弱版本已經得到了證明，在孿生質數猜想上取得了質的突破，解決這個難題的是美籍華裔數學家張益唐。

半生潦倒

和一般數學家在 35 歲之前出名不同，張益唐前半生潦倒，到 58 歲時才憑藉在孿生質數問題上的貢獻成為舉世公認的數論專家，其坎坷而傳奇的數學探索過程在全世界學術圈內引起了巨大的迴響。人們一般認為，數學研究是一件拚天賦的事情，如果一個數學家不能夠在 35 歲之前取得重大

成就，他最終只能成為一個普通的數學工作者，而不會對世界產生巨大影響。在歷史上，牛頓、高斯和歐拉等人都是在20歲左右就取得了輝煌成就，這也是數學最高榮譽「菲爾茲獎」將獲獎者年齡設定在40歲以下的原因。張益唐的成功，可能要讓人們重新審視這個上千年來對數學家的看法了。

因為特殊時代的原因，張益唐在23歲的時候才考入北京大學數學系，獲得了學士和碩士學位。畢業後，他又去美國著名的普渡大學攻讀博士。在普渡大學期間，張益唐通常都是獨來獨往，大部分時間是在圖書館裡做研究。但是他的研究工作並不順利，而且與導師的關係也不好。

畢業後，張益唐又遭遇了特殊情況導致的激烈競爭，長期無法找到教職，而他又不願意像同學們那樣，轉行從事金融或電腦行業。於是在長達幾年的時間裡，張益唐不得不過著四處漂泊的生活，期間他常常借住在朋友家，有時甚至只能住在朋友家的地下室裡，然後靠在中餐館當外賣員或者到汽車旅館打零工生活。但是在這樣的環境下，張益唐仍然潛心於數學研究。

後來，張益唐的北大校友唐朴祁和葛力明等人瞭解到他的情況，先後出手幫助了他。

一位北大校友開了一家 subway 速食連鎖店，邀請他擔任會計，這樣他就有了不高但是穩定的收入，同時有時間研究數學。西元 1999 年，張益唐和唐朴祁合作解決了電腦演算法的難題，獲得了一項網際網路專利。

　　唐朴祁覺得，不能埋沒了張益唐的才能，於是向當時在新罕布夏大學任教的學弟葛力明推薦張益唐。經葛力明的推薦，張益唐先成為新罕布夏大學數學系與統計學系編制外的助教，後擔任講師，教授微積分、代數和初等數論等課程。雖然在美國的大學裡，講師並不是終身教職的職位，但是這讓他有機會回到學術界。

　　西元 2001 年，張益唐在《杜克數學期刊》上發表了一篇關於「黎曼假設」的論文，獲得了時任新罕布夏大學數學系主任的著名數學家阿佩爾的高度評價。阿佩爾就是前面提

到的證明四色定理的人之一。

西元 2005 年，三位數學家發表了一篇論文，其成果和「孿生質數猜想」問題有關，張益唐受到啟發，開始關注這個數學難題，那一年張益唐已經 50 歲了。這是很多數學家放慢節奏，開始專注於教學的年齡了。

西元 2008 年，全世界數論領域的頂級數學家聚集在美國國家數學科學研究所，他們召開了一次研討會，看看是否有希望解決「孿生質數猜想」問題。經過一週的討論，大家得到的結論是：當時的數學工具還不足以解決這個問題。

但當時的張益唐沒有資格參加這次會議，也就不知道這個結論。這樣，就在其他數學家都暫時知難而退時，他卻向這個難題發起逆襲。

研討會

事後，張益唐感到非常幸運，他說：「回想起來，內心沒有障礙可能反而促進了問題的解決。我當時多少是有一點自信的。我只是在做我喜歡的事。一個人做一件事如果總是患得患失，還不如從一開始就不做。」後來的媒體都喜歡報導他十年只磨一劍，最終解決了這個世界難題，但是張益唐實事求是，他認為自己花大力氣思考孿生質數猜想的時間並沒有很多年，談不上十年只磨一劍，或許這就是數學家特有的嚴謹吧！

大器晚成

西元 2012 年的一天，張益唐給一位朋友的兒子輔導數學，他在朋友家的後院散步，順便觀察有沒有野鹿出沒。就在這時，他腦海中突然閃出能夠撬動孿生質數猜想的靈感。隨後的幾個月，他完成了對孿生質數猜想弱版本的證明，經過反覆檢查和驗算後，他完成了論文。在西元 2013 年 4 月17 日，他向知名雜誌《數學年刊》投稿，宣布在孿生質數猜想的研究上取得的重大突破。《數學年刊》審稿期通常為 2年，但這一次，審稿專家們非常震驚，他們迅速審稿，確定

情理之中，意料之外。

了張益唐取得的成果準確無誤後，只用 3 個星期就決定錄用他的論文。5 月 21 日，論文正式發表。

投稿時，張益唐在數學界還是默默無名，當評委們收到他的論文時，簡直難以置信。據評委之一的美國數學家亨里克・伊萬尼克說，西元 2005 年以來這個問題一直無人問津，因為它太難了。因此，當時他的第一想法是：以前收到的文章有那麼多都是錯

誤的，這個可能也不例外。

　　正當他要擱置幾天時，另一位評委打來電話，說正在閱讀這篇論文。於是評委們都在第一時間為張益唐審稿，先看了論文的要點，發現沒有問題，然後就進入細節部分，讀得越多，他們就越發現這篇論文好像真的是正確的。

　　幾天後，他們開始審查論文的完備性，看看是否有疏漏的環節。由於張益唐選用的是一個比較複雜的證明方法，評委們不得不花了很多時間逐行核對每一個細節。幸運的是，張益唐的邏輯非常清晰，評委們最後確認論文準確無誤，他成功地證明了一個關於質數分布具有里程碑意義的定理。

　　由於這項發現的重要性，《自然》、《科學美國人》、《紐約時報》、《衛報》、《印度教徒報》、《量子雜誌》等主流媒體很快相繼報導了張益唐的事蹟。成名後，張益唐被破格晉升為新罕布夏大學數學系正教授，獲得終身教職。隨後，張益唐獲得了多項數學大獎（包括美國數學會著名的科爾數論獎），並且受邀在西元 2014 年的國際數學家大會上做閉幕式之前的報告。通常受邀做該報告的時間是 45 分鐘，但是這一次大會給了他一個小時。同年，他獲得了美國有「天才獎」之稱的麥克亞瑟獎。

不再遙不可及。

當數字接近無窮大時，張益唐給出的相鄰質數的距離依然有 7000 萬之大。針對真理的追求與目標一致的設想，在張益唐的成果發表之後，著名華裔數學家陶哲軒發動全世界的數論專家一起研究縮小這個距離。今天，人們已經把這個條件下相鄰質數之間的距離縮小到了 246。

如果回顧二戰後那幾個解決了重大數學難題的數學家，懷爾斯、裴瑞爾曼和張益唐，我們就會發現他們似乎都特別怪。但眾人眼中的「怪」的背後是他們對數學著魔般的興趣。沒有這種熱愛，是解決不了數學難題的。

「1＋1」是一道
簡單的數學題嗎？

哥德巴赫猜想問題

思考 所有的數都可以由兩個質數組成嗎？

　　同學們一定聽過哥德巴赫猜想，它具體是怎麼一回事呢？

　　有人說它是「1＋1」的問題，這難道不是一道簡單的數學題嗎？它難在哪裡？

　　其實哥德巴赫猜想是一道數論的問題，這裡面所說的 1＋1 是這個猜想的一種簡單的說法，並不是要證明 1＋1＝2。1＋1＝2 在數學上屬於定義，不需要證明就是成立的。

哥德巴赫猜想是「1＋1」嗎？

　　西元 1742 年，**普魯士**數學家哥德巴赫在寫給著名數學

注意，這不是小學一年級的課堂。

家歐拉的信中，提出這樣一個猜想：

任一大於 2 的整數都可寫成三個質數之和。

這個描述和今天對哥德巴赫猜想的描述有所不同，因為當時的哥德巴赫把 1 也當成質數了。現今數學界不使用這個說法，而是用了下面這個更準確的描述：

任一大於 5 的整數都可寫成三個質數之和。

歐拉在給哥德巴赫的回信中指出，這個猜想等價於下面

這種描述：

　　　　任一大於 2 的偶數都可寫成兩個質數之和。

　　例如：$4 = 2 + 2$；$12 = 5 + 7$；$200 = 3 + 197$ 等等。

　　今天我們常說的哥德巴赫猜想，實際上是採用了歐拉的描述，它也被稱為「強哥德巴赫猜想」或「關於偶數的哥德巴赫猜想」。和它對應的是「弱哥德巴赫猜想」或「關於奇數的哥德巴赫猜想」，即：

　　　　任一大於 5 的奇數都可寫成三個質數之和。

　　關於奇數的哥德巴赫猜想已經在西元 1937 年被蘇聯數學家維諾格拉多夫證明，因此今天的人談到哥德巴赫猜想時，都是指尚未解決的「關於偶數的哥德巴赫猜想」，而「關於奇數的哥德巴赫猜想」已經成為「哥德巴赫 - 維諾格拉多夫定理」（也被稱為「三質數定理」）。

　　由於強哥德巴赫猜想講的是一個偶數可以拆成兩個質數之和，因此數學界常常用「1 ＋ 1」來描述這種情況，你可以把他們口中的數字 1 理解為一個質數。因此「1 ＋ 1」只是一個簡單的說法，和真正計算這兩個數字的加法無關。以此類推，在談論哥德巴赫猜想時，人們有時也會講到「1 ＋ 2」。所謂「1 ＋ 2」，就是指一個偶數，可以變成一個質數

加上不超過兩個質數的乘積。例如：

$$30 = 5 + 5 \times 5 \qquad 42 = 3 + 3 \times 13$$

中國數學家陳景潤證明的就是 1 ＋ 2，即一個偶數可以變成一個質數加上不超過兩個質數的乘積。

眾多數學家參與研究

在哥德巴赫猜想被提出後的 160 年裡，有不少數學家都進行了研究，但沒有取得任何實質性的進展，也沒有獲得任何有效的研究方法。西元 1900 年，希爾伯特在第二屆國際數學家大會上將這個問題與黎曼猜想、孿生質數猜想並列為著名的 23 個問題中的第 8 個，這才引發了數學家們的興趣。

又過了 20 年，數學家們終於找到了解決這個難題的思路。一方面，英國著名數學家哈代和李特爾伍德建立了一整套高等數論的研究工具。他們在西元 1923 年發表了一篇論文，證明了如果黎曼猜想成立，則幾乎每一個非常大的偶數都能表示成兩個質數的和。當然，「幾乎每一個」和「每一個」還是兩回事。另外，黎曼猜想至今也沒有被證明。不過，哈代等人的工作顯示，哥德巴赫猜想有可能是對的。

大約與此同時，挪威數學家瑋哥・布朗提供了另外一種證明的思路——「篩法」。他證明了，任何非常大的偶數都能表示成兩個數之和，並且這兩個數都可以由不超過 9 個質數相乘得到。布朗證明的這個命題被簡單地稱為「9 ＋ 9」，哥德巴赫猜想就是「1 ＋ 1」，如果我們能夠將「9」逐漸縮減到「1」，就證明了哥德巴赫猜想。

至於為什麼只需要考慮非常大的偶數呢？因為小的偶數拆解為質數的答案都是很容易知道的，我們不需要為此發愁。事實上，截至西元 2014 年，數學家已經驗證了 4×10^{18} 以內的偶數，在所有的驗證中，沒有發現偶數哥德巴赫猜想的反例。

沿著布朗的思路，各國的數學家逐漸證明了「7 ＋ 7」、「6 ＋ 6」、「5 ＋ 5」……到 1956 年，蘇聯數學家維諾格拉多夫證明了「3 ＋ 3」。同年，中國數學家王元證明了「3 ＋ 4」，並在 1957 年證明了「3 ＋ 3」和「2 ＋ 3」。到西元 1965 年，維諾格拉多夫和美籍義大利數學家恩里科・邦別里分別獨立地證明了「1 ＋ 3」，而邦別里當時只有 34 歲，後來他因解決了伯恩施坦問題而獲得了菲爾茲獎。

陳景潤的「1 ＋ 2」

　　距離解決哥德巴赫猜想最近的是中國著名數學家陳景潤，他證明了「1 ＋ 2」，離最終證明哥德巴赫猜想只有一步之遙。

　　陳景潤畢業於廈門大學，雖然他在大學學的是數學，但是畢業後並沒有被安排做數學研究，而是被分配到北京市第四中學當老師。但陳景潤口齒不清，無法上講台講課，最後被「停職回鄉養病」。

幸運的是，當時的廈門大學校長王亞南瞭解到陳景潤的情況後，安排他回到廈門大學任資料員，同時研究數論，這才讓陳景潤有機會在數學上做出成就。西元 1957 年，華羅庚先生發現了陳景潤的才能，將他調入中國科學院數學研究所任職實習研究員，進行數論研究，這讓陳景潤有了當時中國幾乎最好的研究環境。

　　陳景潤不負眾望，在西元 1966 年證明了「1 ＋ 2」，隨後，又花了好幾年的時間把證明過程中的細節整理清楚。西元 1973 年，陳景潤徹底完成「1 ＋ 2」的詳細證明且改進了西元 1966 年的結果，將成果發表在《中國科學》雜誌上。

　　當時，英國和德國的兩位數學家正在撰寫數論的《篩法》一書，他們從香港瞭解到陳景潤的研究成果後，專門在書中又增加了新的一章「陳氏定理」，介紹了陳景潤的研究成果。這樣，陳景潤的貢獻就被世界數學界所瞭解了。

　　從陳景潤證明「1 ＋ 2」至今，已經過去半個多世紀了，

全世界在哥德巴赫猜想上沒有任何新的進展。而在陳景潤證明成功前的十多年裡，多國的數學家在這個問題上不斷取得進展，這又是為什麼呢？

一般認為，陳景潤已經把布倫的篩法用到了極致，他的陳氏定理其實是對篩法的一個重大改進，但是篩法這個工具已經無法再進一步發揮了，用它來證明最終「1 ＋ 1」的可能性微乎其微。如今數學界的主流意見認為，證明關於偶數的哥德巴赫猜想，還需要新的思路或者新的數學工具，而不是在現有的方法上修修補補。

電腦並不能
解決所有的運算問題

P / NP 難題

思考　你有信心在棋牌比賽中打敗人工智慧嗎？

　　P / NP 問題是 7 個千禧年問題之一，也是這 7 個問題中唯一與電腦科學相關的問題，它對於研究電腦科學中的多種演算法至關重要。

　　什麼是 P / NP 問題呢？這要從電腦演算法的複雜度說起。

如何評價演算法？

　　我們知道，電腦雖然計算速度快，但它也是一步步地完成運算的。如果有兩個演算法都能夠解決同一個問題，第一個演算法需要運行 10 萬步，第二個演算法只要運行 1000 步，顯然第二個演算法更好。但是一個演算法所運行的步驟，和

問題的大小有關。例如，我們要對 100 萬個數位排序，運行
的步驟肯定比對 100 個數字排序多得多。那麼如何衡量演
算法的好壞，或者說複雜程度呢？有人可能會說，直接數一
數它算一道題需要的步驟不就好了嗎？但問題是，在計算不
同規模問題的時候，不同演算法所表現出來的性能會相差很
遠，而在生活中，各種規模的問題都會有，我們難以直接用
運行的步驟來衡量。例如，我們來看這樣一個例子：

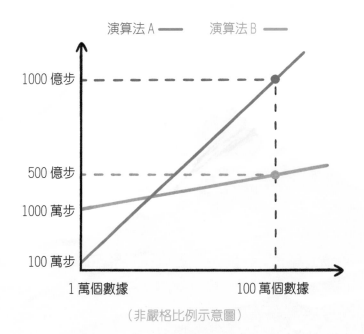

（非嚴格比例示意圖）

　　演算法 A 和演算法 B 都能完成某個任務，如果使用 1 萬
個資料進行測試，演算法 A 需要運行 100 萬步，演算法 B 則

需要運行 1000 萬步。但是，如果使用 100 萬個資料測試，演算法 A 需要運行 1000 億步，演算法 B 需要運行 500 億步。請問到底哪個演算法好？我們把這兩種演算法的表現畫在上頁圖中，縱坐標用的是對數座標，單位是萬次。

如果單純看第一個場景，也就是從小規模的資料做判斷，顯然是演算法 A 好，但是如果單純看第二個場景，即大規模的資料，似乎演算法 B 更好一點。按照普通人的思維，可能會說，數量小的時候演算法 A 好，數量大的時候演算法 B 好。然而，電腦問題的規模不可能只有大和小兩種，我們需要制定一個明確的、一致性的標準，不要一會兒這樣、一會兒那樣。那麼我們應該怎樣制定這個標準呢？

在電腦科學發展的早期，科學家對這個問題也沒有明確的答案，因此看法也不統一。直到西元 1960 年代，尤里斯·哈特馬尼斯和理查·斯特恩斯提出了演算法複雜性理論（二人後來因此獲得了圖靈獎），電腦科學家才開始考慮用一個公平的、一致的評判方法來對比不同演算法的性能。最早將複雜度嚴格量化衡量的就是高德納，他被譽為「演算法分析之父」。今天，全世界電腦領域的複雜度都以高德納的思想為準。

高德納的思想主要包括：

1. 在比較演算法的快慢時，只需要考慮資料量特別大，大到近乎無窮大時的情況。為什麼要比大數的情況，而不比小數的情況呢？因為電腦的發明就是為了處理大量資料的，而且資料會越處理越多。

2. 雖然決定演算法快慢的因素可能有很多，但是所有因素都可以被分為兩類。第一類是不隨資料量變化的因素，第二類是隨著資料量變化的因素。

　　例如，有兩種演算法，第一種的運算次數是 $3N^2$，其中 N 是處理資料的數量，第二種則是 $100N.log2$。N 前面的那個數位是 3 也好，100 也罷，它們是常數，和 N 的大小顯然沒有關係，處理 10 個、10 萬個、1 億個資料都是如此。但是後面和 N 有關的部分則不同，當 N 很大的時候，N^2 要比 $N.log2$ 大得多。雖然我們在處理幾千、幾萬個資料的時候，這兩種演算法差異不明顯，但是高德納認為，我們衡量演算法好壞時，只需要考慮 N 近乎無窮大的情況。為什麼這麼考慮問題呢？因為電腦要處理的資料量規模，遠遠超出我們的想像。

比圍棋還複雜

你知道圍棋有多麼複雜嗎？

圍棋的變化數量太多，人們只能用千變萬化來形容，甚至乾脆把它歸結為棋道和文化。當 AlphaGo（阿爾法圍棋）顛覆了所有頂級棋手對所謂棋文化的理解之後，大家才承認，這其實依然是一個有限的數學問題，當然，它的上限很大。學習過排列組合的人很容易算出來，由於棋盤上每一個點最終可以是黑子、白子或者空位三種情況，而棋盤有 361 個交叉點，因此圍棋最多可以有 $3^{361} \approx 1.74 \times 10^{172}$ 這麼多種情況。這個數當然相當大，大約是 174 後面跟隨 170 個 0，我舉一個例子你就有所感受了。

整個宇宙不過才有 10^{79}~10^{83} 個基本粒子（質子、中子或者電子等，當然也有人用原子來衡量，那樣就是 10^{78}~10^{82} 個原子）。也就是說，如果把每一個基本粒子都變成一個宇宙，再把那麼多宇宙中的基本粒子數一遍，數量也沒有圍棋棋盤上各種變化的總數大。而這個在人類看來無窮無盡的數，卻是電腦要面對的。

　　當然，這個數儘管很大，但能被清楚地描述，所以並不是無窮大。

　　由於電腦面對的常常是上述問題，因此討論演算法複雜度時，只考慮 N 趨近無窮大時，和 N 相關的那部分就可以了。我們可以把一種演算法的計算量大小，寫成 N 的一個函數 f(N)。這個函數的邊界（上界或者下界）可以用數學上的 **大 O** 符號來限制。如果兩個函數 f(N) 和 g(N) 在 N 趨近無窮大時，比值只差一個常數，那麼它們則被看成是同一個量級的函數。電腦科學中相應的演算法，也就被認為具有相同的複雜度。

note

大 O 是用於描述函數漸近趨勢的數學符號。它相當於用另一個函數來描述一個函數數量級的漸近上界。

演算法的類別

電腦常見的演算法，根據它的複雜度，通常可以分為這樣幾類：

1. 常數複雜度的演算法。例如，在電腦雜湊表中查找一個資料，複雜度就是常數量級的，也就是說它不隨著雜湊表大小的增加而有明顯的改變。

2. 對數複雜度的演算法。在排好序的陣列中查找一個資料，複雜度就是這樣計算。例如，我們在 1000 個排好序的資料中找一個數，只需要查找 $N\log_2 1000 \approx 10$ 次。如果陣列的大小達到 100 萬，也只需要查找 $N\log_2 1000000 \approx 20$ 次，比 1000 時只增加了 1 倍。

3. 線性複雜度的演算法。在沒有排序的陣列中查找一個數就是如此計算。例如，我們有 1000 個沒有排好序的數，要找一下 2 是否在其中，就要把這 1000 個數字都看一遍。如果要在 100 萬個數字中查找這個數，就要把 100 萬個數字看一遍，變成 1000 倍的計算量。

4. 線性和對數複雜度的演算法，也就是所謂的 $O(Nlog_2)$。這類演算法的計算比線性複雜度的計算要大，但是也相差不多，排序演算法就屬於這一類。

5. 多項式複雜度的演算法。例如，計算量是 $O(N^2)$、$O(N^3)$ 的一些演算法，這些演算法的計算量隨著資料規模增加的速度就比較快了，但是還能忍受。例如，你要找到從清華大學到新竹火車站的最短路徑，計算量就和交叉口的數量呈平方關係。因此，如果兩個城市，第一個城市的規模是第二個的 10 倍，從理論上講，在第一個城市找到一條最省時間的交通道路的計算量是後者的 100 倍。因此，這個增速還是很快的。

上述五類演算法，我們通常認為都是電腦可以解決的，這些演算法我們統稱為「P 演算法」。P 是多項式英文「polynomial」的首字母。但是，還有第六類演算法，它的複雜度是資料規模的指數函數。我們從前面介紹印度國際象棋問題的例子中已經知道，指數函數增加的

速度是非常快的。電腦下圍棋的演算法,如果不做任何限制和近似,就是指數複雜度的。如果我們將棋盤大小從 19×19 增加到 20×20,複雜度就會上升為 4×10^{18} 萬億倍。

NP 是否等於 P ?

在那些計算複雜度超過了多項式量級的問題中,有些問題要找到答案,其計算複雜度可能是指數量級的,但是如果給定了一個答案,驗證它的正確性,複雜度並不高。這就如同讓大家解方程式或者做因式分解比較難,但是如果給了你答案,讓你驗證它們是否正確,就容易得多了。如果一個問題,我們驗證答案的複雜度是多項式量級的,但是卻沒有找到複雜度為多項式量級的演算法,這種問題就被稱為「NP 問題」。NP 是不確定多項式問題「non-deterministic polynomial」的首字母縮寫。

對於那些 NP 問題,電腦科學家想知道,到底是根本就不存在多項式複雜度的演算法,還是說存在某種多項式複雜度的演算法,只是人類太笨,還沒有找到。如果是後一種情況,也就是說 NP 問題是 P 問題,簡稱 NP = P;如果是前

一種情況，則 NP 問題就不是 P 問題了，簡稱 NP ≠ P。到目前為止，沒有人能回答這個問題。雖然總有電腦科學家聲稱自己解決了這個問題，但是最後都被證實是烏龍。

NP 難題有什麼意義呢？首先它會告訴大家，電腦所能解決問題的邊界在哪裡。對於大量的 NP 問題，今天我們一般認為，除非做簡化和近似，否則它們是無解的。其次，搞清楚這個問題有許多實際的應用價值。例如，我們知道電腦驗證一個密碼非常快，但是破解它卻非常困難，所有加密的安全性基礎就在於此。即便將來有了實用的量子電腦，速度非常快，但只要這種不對稱性成立，驗證總是比破解來得簡單，加密就能做到安全。但是，如果 NP 問題和 P 問題是同一類問題，情況就糟糕了，因為人們很可能會找到和驗證密碼同等難度的破譯演算法。

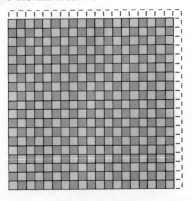

真的這麼燒腦嗎？

西元 2001 年，一項針對 100 名數學和電腦科學家的調查結果顯示，有 61 人相信 NP ≠ P。西元 2019 年重複這個調查，結果是 88% 的受訪人相信這個結論，我本人也持這種觀點。

後記

我們必須知道，
我們必將知道！

西元 2000 年，美國克雷數學研究所在公布 7 個千禧年問題的數學大會上，播放了西元 1930 年著名數學家希爾伯特的退休演講。那段演講既是對數學發展的總結，又是對數學未來的展望。

　　希爾伯特是歷史上少有的全能型數學家。希爾伯特一生致力於將數學的各個分支，特別是幾何學，實現非常嚴格的公理化，進而將數學變成一個大一統的體系。希爾伯特因此提出了大量的思想觀念，並且在許多數學分支上都做出了重大的貢獻。西元 20 世紀很多量子力學和相對論專家都是他的學生，或者是他學生的學生，其中很有名的一位是約翰·馮紐曼。

　　西元 1926 年，海森堡來到哥廷根大學做了一個物理學的講座，講了他和薛丁格在量子論中的分歧。當時希爾伯特已經 60 多歲了，他向助手諾德海姆打聽海森堡的講座內容，諾德海姆拿來了一篇論文，但是希爾伯特沒有看懂。馮·諾伊曼得知此事後，用了幾天時間把論文改寫成了希爾伯特喜

聞樂見的數學語言和公理化的組織形式，令希爾伯特大喜。不過，就在希爾伯特退休後的隔年（西元 1931 年），令他感到沮喪的是，25 歲的數學家哥德爾證明了數學的完備性和一致性之間會有矛盾，讓他這種數學大一統的想法破滅。

西元 1930 年，希爾伯特到了退休的年齡，此時他已經68 歲了。他欣然接受了故鄉柯尼斯堡的「榮譽市民」稱號，回到故鄉，並在授予儀式上做了題為《自然科學（知識）和邏輯》的演講，然後應當地廣播電台的邀請，他將演講最後涉及數學的部分再次做了一個較短的廣播演說。

這段廣播演說從理論意義和實際價值兩方面深刻闡釋了數學對人類知識體系和工業成就的重要性，反駁了當時的「文化衰落」與「不可知論」的觀點。這篇 4 分多鐘的演講洋溢著樂觀主義的激情，最後那句「我們必須知道，我們必將知道」擲地有聲，至今聽起來依然讓人動容。我們就以**希爾伯特的這段演講作為全書的結束語**。

促成理論與實踐、思想與觀察之間的調解的工具，是數學，它建起連接雙方的橋樑並將其塑造得越來越堅固。因此，我們當今的整個文化，對理性的洞察與對自然的利用，都是建立在數學基礎之上的。伽利略曾經說過：「一個人只有學會了自然界用於和我們溝通的語言和標記時，才能理解自然，而這種語言就是數學，它的標記就是數學符號。」康德宣稱：「我認為，在任何一門自然科學中，真實的科學至多只有跟其中的數學一樣多而已。」事實上，我們直到能夠把一門自然科學的數學內核剝出並完全地揭示出來，才能夠掌握它。沒有數學，就不可能有今天的天文學與物理學，這些學科的理論部分，幾乎完全融入數學。這些使得數學在人們心目中享有崇高的地位，就如同很多應用科學被大家讚譽一樣。

　　儘管如此，所有數學家都拒絕把具體應用作為數學的價值尺度。高斯在談到數論時講，它之所以成為第一流數學家最喜愛研究的科學，是在於它魔幻般的吸引力，這種吸引力是無窮無盡的，超過數學其他的分支。克羅內克把數論研究者比作吃過忘憂果的人：一旦吃過這種果子，就再也離不開它了。

　　托爾斯泰曾聲稱追求「為科學而科學」是愚蠢的，而偉大的數學家龐加萊則措辭尖銳地反駁這種觀點。如果只有實用主義的頭腦，而缺了那些不為利益所動的「傻瓜」，就永遠不會有今天工業的成就。著名的柯尼斯堡數學家雅可比曾經說過：「人類精神的榮耀，是所有科學的唯一目的。」

　　今天有的人帶著一副深思熟慮的表情，以自命不凡的語調預言文化衰落，並且陶醉於不可知論。我們對此並不認同。對我們而言，沒有什麼是不可知的，並且在我看來，自然科學也是如此。相反地，代替那愚蠢的不可知論的，是我們的口號：我們必須知道，我們必將知道！

原來如此！
數學是門好學問

原 書 名　給孩子的數學課
作 者　吳　軍
繪 圖　白　冰
主 編　王衣卉
行 銷 主 任　王綾翊
裝 幀 設 計　evian

第五編輯部總監　梁芳春
董 事 長　趙政岷
出 版 者　時報文化出版企業股份有限公司
　　　　　一〇八〇一九臺北市和平西路三段二四〇號
發 行 專 線　（〇二）二三〇六六八四二
讀 者 服 務 專 線　（〇二）二三〇四六八五八
郵 撥　一九三四四七二四 時報文化出版公司
信 箱　一〇八九九臺北華江橋郵局第九九信箱
時 報 悅 讀 網　www.readingtimes.com.tw
電 子 郵 件 信 箱　yoho@readingtimes.com.tw
法 律 顧 問　理律法律事務所　陳長文律師、李念祖律師
印 刷　勁達印刷有限公司
初 版 一 刷　2023 年 6 月 16 日
定 價　新臺幣 420 元

原來如此！數學是門好學問：從問題中，探索奇
妙的邏輯天地，學會用數學的眼光觀察、思考、
表達世界 / 吳軍文 . -- 初版 . -- 臺北市：時報文
化出版企業股份有限公司，2023.06
208 面；17×23 公分
ISBN 978-626-353-899-3（平裝）

1.CST: 數學 2.CST: 通俗作品

310　　　　　　　　　　　　　　112007769

時報文化出版公司成立於一九七五年，並於一九九九年
股票上櫃公開發行，於二〇〇八年脫離中時集團非屬旺
中，以「尊重智慧與創意的文化事業」為信念。

$V = \dfrac{\pi r^2 h}{3}$

$V = a^3$

$\sin^2 x + \cos^2 x = 1$

$V = \pi r^2 h$

$a^3 - b^3 = (a-b)(a^2+ab+b^2)$

$(a+b)^2 = a^2 + 2ab + b^2$

$r = \dfrac{a}{2}$

$\sin 2x = 2\sin x \cos x$

$\cos \alpha = \dfrac{b}{c}$

$f(x)$

$S = \pi R^2$

$S = ab$

$y = 2x^2$

$\sin x = \dfrac{a}{c}$

$S = 6a^2$

$d_1^2 + d_2^2 = 4a$

$\sin \alpha = \dfrac{a}{c}$

$a^2 - b^2 = (a-b)(a+b)$

$p = \dfrac{1}{2}(a+b+c)$

$ax^2 + bx + c = 0$

$V = \dfrac{\pi r^2 h}{3}$ $V = a^3$

$V = \pi r^2 h$

$sin^2 x + cos^2 x = 1$

$a^3 - b^3 = (a-b)(a^2 + ab + b^2)$

$(a+b)^2 = a^2 + 2ab + b^2$

$cos\alpha = \dfrac{b}{c}$

$r = \dfrac{a}{2}$

$sin2x = 2sinx\,cos$

$f(x)$

$S = \pi R^2$

$S = ab$

$y = 2x^2$

$sinx = \dfrac{a}{c}$

$S = 6a^2$

$sin\alpha = \dfrac{a}{c}$

$d_1^2 + d_2^2 = 4a$

$a^2 - b^2 = (a-b)(a+b)$

$p = \dfrac{1}{2}(a+b+c)$

$ax^2 + bx + c = 0$